中国农史青年学者书系

湖光石色：
江南园林的韧性景观建构

龚 珍 著

U0253704

中国农业出版社
农村读物出版社
·北 京·

图书在版编目（CIP）数据

湖光石色：江南园林的韧性景观建构 / 龚珍著.
北京：中国农业出版社，2024. 10. --（中国农史青年
学者书系）. -- ISBN 978-7-109-32533-3

Ⅰ. TU986.625

中国国家版本馆 CIP 数据核字第 2024Q63G77 号

湖光石色：江南园林的韧性景观建构
HUGUANG SHISE：JIANGNAN YUANLIN DE RENXING JINGGUAN JIANGOU

中国农业出版社出版
地址：北京市朝阳区麦子店街 18 号楼
邮编：100125
责任编辑：胡晓纯
版式设计：杨　婧　　责任校对：吴丽婷
印刷：中农印务有限公司
版次：2024 年 10 月第 1 版
印次：2024 年 10 月北京第 1 次印刷
发行：新华书店北京发行所
开本：880mm×1230mm　1/32
印张：7.5
字数：250 千字
定价：88. 00 元

目录

导　　论

一、研究缘起

孟兆祯曾说，风景园林的总体目标就是不断满足人对优美人居环境的需求，争取最大限度地发挥园林在环境效益、社会效益以及经济效益等多方面的综合功能。传统中国关于古典园林的营造技艺与文化的高度融合，已经引发了风景园林、艺术学、文学、历史学等多个学科的热烈讨论。

从园林艺术史的角度来看，北宋《洛阳名园记》述洛阳私家园林之兴废，作为天下治乱之兴衰的征候。[①] 南宋时，周密又作《癸辛杂识》，其中的"吴兴园圃"条为后人辑录了出来，别成《吴兴园林记》。此二书成功地开创了区域园林史研究之先河。后世园林史著作层出不穷，王世贞的《游金陵诸园记》，刘侗、于奕正的《帝京景物略》，李斗的《扬州画舫录》等，均为这一学术脉络的延续。

抗日战争爆发前，童寯眼见中国古典园林的凋零，发愤而著《江南园林志》，整理了江南地区园林的结构特点、历史沿革、兴

---

① "洛阳之盛衰者，天下治乱之候也。""天下之治乱，候于洛阳之盛衰而知；洛阳之盛衰，候于园圃之废兴而得。"见［宋］李廌：《洛阳名园记》，中华书局，1985年，第18页。

衰演变以及 20 世纪 30 年代的园林状况，并且附有三百多张图片资料，包括版画、国画、照片以及结构图等，尤其是现已不复存在的园林的图片，十分珍贵。^① 此外，童先生晚年还著有《东南园墅》（*Glimpses of Gardens in Eastern China*）一书，是对江南地区园林建造的总括性理论著作，分园附有大量的照片与设计图。^② 杨鸿勋的《中国古典造园艺术研究——江南园林论》所做的工作则颇有西方的结构色彩。^③ 近年来，东南大学的顾凯也著有《明代江南园林研究》，是对江南进行分期网格状研究的成果，延续了童寯的学术研究传统。^④ 与童先生同时代的营造学社成员刘敦桢的《苏州古典园林》系统地展现了园林的结构和分类。刘敦桢追求科学严谨，明显地体现在了详细记录测绘数据与测绘图上。更为难能可贵的是，此书并没有局限于苏州的园林，反而超越了这一概念。^⑤ 童、刘二人的著作同为古典园林现代研究的奠基之作。

在刘敦桢的《苏州古典园林》出版之前，陈从周也完成了《苏州园林》一书。^⑥ 作为第一本研究苏州园林的专著，《苏州园林》总结归纳了中国园林的造园手法，并收录了两百多张照片。较之童、刘二位先生，陈从周的作品更具东西兼容的特点，既有

① 童寯：《江南园林志》，中国建筑工业出版社，2014 年。
② 童寯：《东南园墅》（*Glimpses of Gardens in Eastern China*），中国建筑工业出版社，1997 年。
③ 杨鸿勋：《中国古典造园艺术研究——江南园林论》，中国建筑工业出版社，2011 年；杨鸿勋：《中国古典园林艺术结构原理》，《文物》1982 年第 11 期。
④ 顾凯：《明代江南园林研究》，东南大学出版社，2010 年。
⑤ 刘敦桢：《苏州古典园林》，中国建筑工业出版社，2005 年。
⑥ 陈从周：《苏州园林》，同济大学教材科，1956 年。

对园林的科学"解剖"，又能用"士大夫意识的诗情画意"表达
对古典园林之美的深切体味。此外，陈从周还著有《扬州园林》，
与《苏州园林》同为江南园林研究的姊妹篇。总论部分论述了扬
州城区园林的特色，其余三章也配有大量的实测图和摄影资料，
十分珍贵。相较苏州、扬州受到的重视，同为江南园林城市的杭
州与湖州的关注度就稍显不足，这或许与园林的现存情况有一定
的关联。在这些为数不多的著作中，安怀起的《杭州园林》一书
虽以杭州园林为名，实则是对以西湖为中心的园林组群的研究成
果，对西湖区域以外的园林关注较少。不过，这本书秉承了同济
大学园林系的学术传统，对该区域的园林历史、类型及艺术特色
都作了比较详细的介绍。①

　　此外，用通史的方式研究古典园林的成果也很多。日本学者
冈大路的《中国宫苑园林史考》着眼于宫苑园林的史籍文献，除
了分析各时期全国各地都城宫苑园林的建筑设计特点和风格外，
作者还在最后列有诸家论述，别成一章，丰富了该书概述的层次
和内涵。② 周维权的《中国古典园林史》以及汪菊渊的《中国古
代园林史》追溯了古典园林的发展过程。③ 台湾学者彭一刚的
《中国古典园林分析》运用建筑构图及近代空间理论，对现存园
林的造园特征、手法等作了系统的分析与对比。④ 陈从周还著有

　　① 安怀起：《杭州园林》，同济大学出版社，2009 年。
　　② 〔日〕冈大路著，瀛生译：《中国宫苑园林史考》，学苑出版社，2008 年。
　　③ 周维权：《中国古典园林史》，清华大学出版社，1990 年；汪菊渊：《中国古
代园林史》，中国建筑工业出版社，2006 年。
　　④ 彭一刚：《中国古典园林分析》，中国建筑工业出版社，1986 年。

《园综》两册，选录了西晋至清末名园史料，以对园林景观的描述为主，兼及历代名园建置、兴废，勾勒中国古代园林的发展轮廓。[①] 台湾学者汉宝德的《物象与心境：中国的园林》也是分阶段来概述中国古典园林史，此外，他还慧心独到地使用了图画资料来解析园林发展的阶段特色。[②] 这类长时段的研究旨在理顺古典园林发展脉络，所以往往通过划分阶段的方式来展现园林景观的演进序列。从地理空间层面来说，古典园林的区域研究大多聚焦江南地区。从时间轴上来说，由于历史文献和资料保存的情况，这类著作倾向着眼于宋元明时期的江南园林，相对而言，宋以前的园林则呈现出了关注度不高的情况。

从园林美学史的角度来看，作为中国第一本系统全面地论述造园理论的著作，明代计成的《园冶》不仅对园林各部件要素的功用和建造提出了细致的规范，还强调了对园林整体意境的营造；不仅发展了古典园林美学，还对古典园林作了一个属于明末的阶段性总结。明末《园冶》问世之后，与计成交好的阮大铖为该书作序，《园冶》由此沾上了道德污点，有清一代都未能在国内流传。到了 20 世纪 20 年代，才由陈植在日本重新"发现"。[③] 1981 年陈植的《〈园冶〉注释》出版，正式开启了中国学者研究《园冶》的时代，而这一时期的研究也集中在对《园冶》美学的

---

① 陈从周、蒋启霆选编，赵厚均校订注释：《园综》，同济大学出版社，2011 年。

② 汉宝德：《物象与心境：中国的园林》，三联书店，2014 年。

③ ［明］计成著，陈植注释：《〈园冶〉注释（第二版）》，中国建筑工业出版社，1988 年，第 1 页。

解读方面。①

　　《园冶》的出现并非孤立事件，这一时期涉及园林美学的著作还有文震亨的《长物志》。当然，此书属于小品文而非园林专著，正如"长物"一词所指示的，书中讨论的是文人闲适日常的各个方面。文震亨的美学思想主要体现在对"长物"的解释标准上，对园林的雅赏也与长物一致，以"古""雅""真""宜"为审美标准，并以此作为自己格心与成物之道的原则。明代中后期商业的影响已经深入社会方方面面，艺术品也明显出现了商业化的倾向，这样背景下的审美趋向于多元化。《长物志》的出现就是文化精英对浮躁的社会潮流的一种"反动"，文氏借"长物"对当时雅俗不分的文人生活进行了规范，实则以此区分不同的文化阶层，维系精英阶层的话语权。

　　清初，李渔也完成了生活艺术大全——《闲情偶寄》。他在"居室""器玩"等部，对园林美学也提出了许多独到的论点，例如构园、造亭等，要自出手眼，不落窠臼，而且要以朴素节俭为尚，正所谓"土木之事，最忌奢靡。匪特庶民之家当崇俭朴，即王公大人亦当以此为尚。盖居室之制，贵精不贵丽，贵新奇大雅，不贵纤巧烂漫"②。

　　当代学者的美学研究中，宗白华认为中国古典园林具有飞动

　　①　例如，李亚如：《中国古典园林的美：〈园冶〉一书试论》，《广东园林》1984年第3期；张燕：《山阴道上，宛然境游——论〈园冶〉的设计艺术思想》，《东南大学学报（哲学社会科学版）》2001年第1期；李世葵：《〈园冶〉园林美学研究》，人民出版社，2010年；张薇：《〈园冶〉文化论》，人民出版社，2006年；等等。
　　②　［清］李渔著，汪巨荣等校注：《闲情偶寄·居室部》，上海古籍出版社，2000年，第181～182页。

之美，以及借景、对景、隔景、分景等空间交流之美，是中国一般艺术特征"大中见小，小中见大，虚中有实，实中有虚，或藏或露，或浅或深，不仅在周回曲折四字"的体现。① 陈从周的《说园》五篇，虽以"说园"为名，实则表达作者对传统园林的主体感受。除了要求园林客体的美感呈现外，陈从周还强调审美主体的美学修养。② 此外，他还著有《园林谈丛》《未尽园林情》等园林随笔，总谈园林韵味。叶朗认为明清园林在美学上的最大特点是重视艺术意境的创造，中国古典园林的美并不是一座孤立的建筑物的美，而是整体的艺术意境之美。因此，园林意境的创造和欣赏就成了明清园林美学的中心内容。诗歌、绘画的意境是借助于语言或线条、色彩构成的，而园林的意境则是借助于实物构筑而成。但是园境和诗境、画境在美学上有共同之处。这个共同之处即为"境生于象外"。③

此外，还出现了一批园林美学的通史类著作，例如曹林娣的《中国园林文化》，金学智的《中国园林美学》，王毅的《中国园林文化史》等书，分阶段地呈现了园林美学的递进序列。

综上可知，关于园林美学的探讨主要可分为两种趋向：其一为江南园林"意境"的梗要性介绍，提炼理论；另一则为美学意境的生成史梳理。稍有遗憾的是，前一种研究呈现出的是一种带有总结性质的静态美学，而后一种研究又容易成为美学意境的逆

① 宗白华：《中国园林建筑艺术所表现的美学思想》，《文艺论丛》1979 年第 6 辑；宗白华：《美学散步》，上海人民出版社，1981 年，第 62～67 页。
② 陈从周：《说园》，同济大学出版社，1984 年。
③ 叶朗：《中国美学史大纲》，上海人民出版社，1985 年，第 439～448 页。

向建构的成果。

因此在这个研究背景下，本书着眼于研究相对不足的中古时期，具体指向前人研究所指出的唐宋文人园林截然不同的美学气象的发生背景。之所以选择文人园林，而不是皇家贵族园林，是因为后者往往能够凭借政治权力磨平掉时代、区域造成的差异，而对于这类园林的文字记述又往往会流于皇权宏大气势的夸耀而显得失真。不同于此，文人群体作为古典园林的主要记录者，对于自身私人领域的描述虽然也会存在着自夸或自谦之类的写作手法，却也能比较直接地反映写作者群体自身的态度，而这部分恰恰也是我们对当时文人的园林观、自然观进行考察的目的。

虽然学界对于这段时期的园林从文学、景观建筑学和美学的角度进行研究的较多，但是从史学及历史地理的视角开展梳理的却非常不足。尤其是文人园林的中心城市从江南到华北，再至江南地区的转换，这种历史纵深感的呈现与对地理背景的关注，是当前的研究比较欠缺的地方。高居翰（James Cahill）鼓励艺术史的研究者依据自身的学术角度与背景，从不同的角度和模式来切入艺术史的研究。[①] 柯律格（Craig Clunas）认为景观史的研究仍然存在着跨学科的障碍，历史地理的学者与艺术史的学者在园林史的研究过程中，往往会采用截然不同的研究路径，却又在对待对方的学术成果时不够认真。[②] 这种空白正是当前的研究所

① James Cahill, Three Alternative Histories of Chinese Painting. Washington: University of Washington Press, 1988, pp. 9.

② Craig Clunas, Fruitful Sites: Garden Culture in Ming Dynasty China. Durham: Duke University Press, 1996, pp. 14 - 15.

需要重点关注的。

二、研究述评

（一）文人园林的地理分布

六朝是我国私家园林的萌芽时代，园林诞生于隐逸风潮，生长于江南地区。[①] 这时的文人园林善借南方自然条件，依山傍岭，临渊引流。[②] 由于庄园经济活动和玄佛思想盛行，人与自然山水的关系发生变化，从而产生了独立的审美价值。[③]

到了唐代，政治、经济、文化达到了封建社会的一个小高峰，文人群体在仕宦之余修建了相当多的园林别墅，集中反映在了当时的文学作品中。依靠这些材料，李浩著《唐代园林别业考论》和《唐代园林别业考录》，辑录了园林在各道、州（府）、县的分布情况。[④] 吴宏岐的《唐代园林别业考补》对此工作进行了补充。[⑤]

总的来说，这一时期的园林文献主要得自诗文，诗文本身的碎片化特点致使这一时期的研究普遍停留在资料整理阶段，对地理分布进行空间性总结的研究成果较少。此外，由于学科壁垒的存在，其他学科的研究成果也未得到应有的借鉴。

（二）文人园林的空间结构

侯迺慧概述唐代园林空间布局主要包括以小观大的写意空间

---

① 吴世昌：《魏晋风流与私家园林》，《学文》1934 年第 2 期。
② 吴功正：《六朝园林》，南京出版社，1992 年。
③ 余开亮：《会心之处：六朝园林研究》，中国人民大学学位论文，2004 年。
④ 李浩：《唐代园林别业考论》，西北大学出版社，1996 年；李浩：《唐代园林别业考录》，上海古籍出版社，2005 年。
⑤ 吴宏岐：《唐代园林别业考补》，《中国历史地理论丛》2001 年第 2 期。

与相地因随、似无还有的曲折动线，通透无限的空间与借景，光影美感与空间变化。^① 李浩总结唐代园林具有壶中天地的特点，在此基础上出现了意境创造。^② 相较而言，杨晓山选择以个体视角展示中唐园林观的变化，即用门和南方景致来展现诗人与外部世界的界限与联系，探讨心境空间以及与之匹配的园林景貌。^③

此外，还有一些关于诗歌的研究成果，诸如宇文所安（Stephen Owen）的《中国"中世纪"的终结：中唐文学文化论集》^④《唐代别业诗的形成》^⑤，林继中的《唐诗与庄园文化》^⑥，王国璎的《中国山水诗研究》^⑦，川合康三的《终南山的变容：中唐文学论集》^⑧，葛晓音的《山水田园诗派研究》^⑨《中唐文学的变迁》^⑩，小川环树的《论中国诗》^⑪，等等，也涉及了文人心

---

① 侯迺慧：《诗情与幽境：唐代文人的园林生活》，东大图书股份有限公司，1991年。

② 李浩：《唐代园林别业考论》，西北大学出版社，1996年。

③ 〔美〕杨晓山著，文韬译：《私人领域的变形：唐宋诗歌中的园林与玩好》，江苏人民出版社，2009年，第2页。

④ 〔美〕宇文所安著，陈引驰、陈磊译：《中国"中世纪"的终结：中唐文学文化论集》，三联书店，2006年。

⑤ 〔美〕宇文所安著，陈磊译：《唐代别业诗的形成（上）》，《古典文学知识》1997年第6期；〔美〕宇文所安著，陈磊译：《唐代别业诗的形成（下）》，《古典文学知识》1998年第1期。

⑥ 林继中：《唐诗与庄园文化》，漓江出版社，1996年。

⑦ 王国璎：《中国山水诗研究》，中华书局，2007年，第92页。

⑧ 〔日〕川合康三著，刘维治、张剑、蒋寅译：《终南山的变容：中唐文学论集》，上海古籍出版社，2013年。

⑨ 葛晓音：《山水田园诗派研究》，辽宁大学出版社，1993年。

⑩ 葛晓音：《中唐文学的变迁（上）（下）》，《古典文学知识》1994年第4、5期。

⑪ 〔日〕小川环树著，谭汝谦、陈志诚、梁国豪译：《论中国诗》，贵州人民出版社，2009年。

境与园林和时代风气的讨论，值得借鉴。

简单来说，概述性研究对唐代园林空间研究进行了有益的补充，但也存在一个较大的缺陷，即文化分期与朝代相重合的后果往往会将整个时段压缩为一个平面，相应地就会对演变脉络呈现不足，不利于寻求变化的动因，并且还易导致唐代与其他朝代园林面貌相类似等情况。唐代园林空间结构的研究大多从文学视角出发，展现了园林意境之美，但也模糊了空间结构的本来面貌。

对私家园林空间结构的研究分散于不同的学科，仍处于起步阶段。总的来说，可以从三个方面进行拓展：第一，农业经济驱动下文人园林所在地理环境特点的空间提炼。现有研究已经发现文人园林分布在山水之间，园林所在道、州（府）、县的辑录工作也取得了一定的进展。但是文人园林所在地的自然环境对于园林空间审美形成的影响，人力穿凿与自然条件所占比例是如何变化的，怎样的山水能成为园林仿造的标准，园林内部的奇花异草、嶙峋怪石与农业地理之间的关系，等等，则需要进行长时段的探索。第二，文人园林内部结构空间变迁。现有研究指出唐代已经出现了壶中天地的造园特色。但是，六朝时期展现自然山水的庄园如何演变为以小观大的庭院，这与文人群体之间存在怎样的关系，造园特色在演变过程中的恒定结构是什么等问题，也需要进一步的研究。第三，跨学科知识的交互印证。历史学对社会经济制度的考证有利于探讨文人园林产生的原因，梳理山水美感形成的过程；人文地理学关于空间的经验透视，不仅有利于深化对空间结构的认知，而且能探索演变过程中形成的文人群体的集体无意识，还提供了挖掘空间信息的可能性。

三、研究思路与本书结构

园林史本不应是一种事后建立的"园林事实"的编组，而当为当时的文人对于园林的现成经验的总结。

陈从周认为古典园林"将竭尽变化的各种景观要素与竭尽开阖萦曲的空间组合纳入一个极为有限，但又极为完整的天地，其结果就是这个体系的一切艺术矛盾关系日趋高度错综复杂"①。这种情况使得细致地分析园林内部关系网络变成了一件不太可能的事情。不过，我们应该坚信审美直觉对特征的把握本就不是局部的寻章摘句，而是整体的感受和体验。特征取决于审美对象的整体结构，每一细部的功能、个别的局部是否具有审美的特征性则取决于它与整体结构的关系是否协调、是否为整体不可分割的有机组成部分。所以，要研究私家园林韧性景观空间的形成，更加贴近的方式应该是从整体结构上直接把握住审美对象的形式特征。

因此，本书并不打算作一份面面俱到的研究报告，而把主要关注点放在"洛阳时代"到"江南时代"切换背后的空间平衡态的形成研究。② 要达到这个研究目的，本书主要依靠的是"韧性景观"的研究理论。

---

① 王毅：《园林与中国文化》，上海人民出版社，1990 年，第 419 页。
② 台湾学者汉宝德认为魏晋南北朝时期是园林文化的转换期，唐至北宋时是园林文化成长发展的阶段，而这个时段的发展地点是以洛阳为中心的，所以这段时间可以称为古典园林的"洛阳时代"。而南宋至明末的五百年间则为园林面积缩小、石之地位突出、水池成为园林重心、园林成为文人生活的要件的"江南时代"。参考汉宝德：《物象与心境：中国的园林》。

1973 年，生态学家克劳福德·斯坦利·霍林（Crawford Stanley Holling）在《生态系统韧性和稳定性》（*Resilience and Stability of Ecological Systems*）中提出了生态系统韧性的概念，用以表示自然系统在应对自然或人为因素引起的生态系统变化时所具备的持久性。2000 年后，西方学术界将此概念从自然生态系统拓展为社会-生态系统。社会-生态系统韧性是为回应压力和限制条件而激发出的一种自我调适能力。这个视角下发展出来的韧性景观，强调人与环境交互作用下的区域文化景观处于长期的历史演进过程中，在不同时空尺度上相互嵌套，最终导向不同的循环适应的平衡态。

近年来，出于对可持续发展理论的反思与修补，韧性理论在地理学界引发了新一轮的思考，韧性景观的研究范式也相继出现。然笔者目力所及，国内学者对韧性景观的研究多以理论阐释与个案讨论为多，虽在景观设计等方面取得了相当的进展，但相关的历史研究成果却依旧罕见。① 这是本书开展研究的学术背景。当然，任何地区的景观环境除了历史地理的研究基础外，还需要考虑人力介入产生的干涉行为和使用功能，这使场地环境形

---

① 理论梳理方面，诸如周晓芳：《从恢复力到社会-生态系统：国外研究对我国地理学的启示》，《世界地理研究》2017 年第 4 期；俞孔坚：《从"桃花源"看社会形态与景观韧性》，《景观设计学》2019 年第 3 期。案例方面，诸如李正等：《都市山地景观的多中心治理与韧性构建：美国圣莫妮卡山案例》，《景观设计学》2019 年第 3 期；孙应魁、翟斌庆：《社会生态韧性视角下的乡村聚居景观演化及影响机制——以新疆村落的适应性循环为例》，《中国园林》2020 年第 12 期；陈耀华、秦芳：《乡村遗产的韧性能力与可持续演进——以普洱景迈山古茶林文化景观遗产为例》，《中国园林》2023 年第 1 期；赵亚琛、张兵华、李佳熹：《基于生态韧性的沿运张秋古镇水环境空间范式研究》，《西部人居环境学刊》2024 年第 1 期。

成丰富的景观元素、土地格局和空间联系。不同时期经济文化以及阶层审美等多种社会信息都提供给景观空间在构成要素和主题内涵上丰富的选择。故本书以六朝至北宋为脉络，以唐朝的变迁为主，考察农业及地理发展空间与文人群体等多中心合力作用下的江南园林平衡态的生成过程。书中涉及的地理范围也主要是这两个"园林时代"发生切换的地方，即以长安、洛阳为中心的华北与江南地区，湖南南部因为涉及农垦边界的关键问题，所以在书中占有一定的篇幅，而岭南地区以及北京、承德等地的园林虽然在古典园林史上也占据相当重要的地位，但因与本书的研究目标相距较远，故而在书中不作为重点。

第一部分主要是对六朝到唐代文人园林情况的简要梳理，包括第一、二章。第一章是六朝文人园林的情况概述。第一节主要用农业开垦的视角来重新审视园林诞生和成长阶段。园林脱胎于农业，但作为农业的一个子集，文人园林的勃兴得益于六朝农业的开垦，并且主要分布于开垦的边界区内，六朝园林的代表谢灵运的始宁庄园与陶渊明的宅园均为此类。第二节主要讨论以谢灵运与陶渊明为代表的两种观景方式的不同，观者取景的视角会影响园林景物的呈现。谢灵运对始宁庄园的描写集中体现在《山居赋》，这种文体与汉赋一脉相承，重在气势的展现。观景视角位于山体高处，园内景物是以片区组成的方式来规划与呈现的，这种低分辨率的全景描述在谢灵运的其他诗文中也表现得较为突出。这应该是当时贵族社会的观景主流。与此不同的是陶渊明的观景方式，作为庶族文人，买山而居、占山建园对于陶氏来说并不可能，他对于家宅的描写集中体现在《归园田居》等诗文之中，观景方式主要是更为接近景物的"流目""凝视"，这种视角是发散且流动的，因此对于景物往往带有细节性刻画，细节胜过了整体。后一种观景方式在当时社会中只是涓涓细流。第三节主要是对比谢灵运式观景与陶渊明式观景呈现出的美感的不同，前者作为世族代表，重视类似于宫苑的壮美景色；后者则更多强调在自然中不期而遇的优美景观。这两种不同的美感是不同的社会地位以及建构其上的观景方式所造成的，设置这部分的内容主要是为了回应园林美学的形成与更迭过程，展现园林美学的动态特征。

第二章是对唐代文人园林地理分布的介绍。为了呈现出较为直观且完整的分布画面，本章并没有按照惯例进行分时段的介绍，而是选择按地理位置的远近，将文人园林的分布分为倚城建园与傍山而居两种区位来呈现社会分层与趣味分流。相较六朝，唐代的文人园林已经出现了因开垦空间的不足而内退收紧的分布趋势，这种趋势到了中唐时期变得尤为明显。设置这个章节的另一个目的，是验证建园的选址仍旧是以荒地为主，反证文人园林在农业开发进程中的"出生"问题，并在与农业竞争的过程中为农业本身的进程所压制的相互作用。

第二部分是对园林空间极限与应力作用下的异变的探讨，涵盖第三、四章。第三章主要是对中唐地理情况的探讨，第一节是关于皇家贵族苑囿中异物的反思。中古异物志的涌现，在本书看来与南部中国地理大开发的背景有关，主要来源于针对待开发边地的对立情绪。政治高层苑囿中的奇花异草、怪兽等"殊方异物"，标识的是一种地理空间尺度上的超越性。这种较为原始的

"艺术超越"依恃与边地的对峙而存在，而当边地逐渐消退，"异物"也就逐渐消逝了，园林中的"殊方异物"也就逐渐消退。弥补后期超越性缺失的是文人群体，他们对待自然、园林的观念开始从外拓空间走向内心省思，内省性的超越开始主导园林内部空间的布置。对陶渊明式园林观的态度产生了较大的变化，且这种变化在园林中的影响力持续加强。这种转折扭转了皇家贵族园林对文人园林的强势影响。第二节是关于中唐地理空间拓展的完成，本节通过审视元结与柳宗元二人在湖南南部将"寻异"之风推向极致来以小窥大。这一片区的地理环境推动了"水石"取代"山水"二元成为文人园林的重心，推动"湖光石色"成为文人园林的结构主流。

第四章是关于中唐时期造园观念的理论完善与实践。理论部分主要集中在白居易"中隐"和柳宗元"旷奥两宜"的两个观点。白居易在外部地理层面上，完成了山野自然与政治中心之间平衡点选择的合理性论证，这是文人"出世"与"入世"选择长期拉锯过程的一个理论句号。而柳宗元的"旷奥两宜"，则是在园林内部完成了观景视点的切换，虽名为"两宜"，但实为"奥景"打破"旷景"独占局面、拉启"江南时代"序幕的转折点。与"奥景"匹配的微观景观并不是中唐时期才出现的，但却在这一时期才真正打开了局面。

第三部分是旁证与小结，包括第五、六章。第五章是山水画、山水诗与园林植物配置方面提供的旁证。六朝山水画理论家宗炳赞成的是回身中荒，升岳遐览，获得一种神合八遐、超于一世的类宗教性的宇宙精神，关注点在景物之上，山水画表现这种情感的方式是"以小观大"。此时的"风景"一词，受佛教教义的影响，主要代表的是空气、光影与氛围之义，是一种较大尺度的空间环境。中唐之后，诗歌的外景总是局限于狭小的范围内，诗人从中挑选景象来构筑诗篇，"风景"一词才获得现代意涵，成了观览物的全称，从宗教到人性是园林景观走向世俗化的一个侧面。而此后，诸如唐代李昭道《明皇幸蜀图》中出现了与假山难辨的山形，北宋山水画理论家郭熙推崇山水画的"可行、可望、可游、可居"以及沈括总结山水画已经形成了"以大观小"之法等，这些进步应该是与庭园园林的发展相同步的。在植物学方面，随着庭园观景视角的降低，植物杂植且层次配置加强，植株个体的观赏价值提升，园艺技术进步，从中唐一直到宋代成了文人写作植物学专著的鼎盛时期。其中，芭蕉从实用价值转向景观价值，"雨打芭蕉"的声景价值为庭园扩大了空间感知，实现了园林空间的景观重组与气氛美学的生成，古典园林成为意境的集锦空间。

第六章，是为小结与讨论。本章用格式塔视知觉理论来解释旷景至奥景变迁过程符合心理驱动力从而具有的必然性。由于本书的研究目的是复盘江南园林平衡态的长时段演变过程，所以在研究过程中不得不有所取舍，选取的多是具有代表性的人物观点与历史事件，依据的是卜正民（Timothy Brook）关于精英群体主导时尚潮流的论点："时尚的确定并不是一个公开的过程。它总是被那些既定的精英人物所裁断。时尚的标准不是由那些从底层爬上来的企求者决定的，而是由那些已经达到既定水平、需要保护既得利益的精英地位的人们决定的。"① 这种写法受作者能力的限制，不可避免地会存在着判断上的偏差。为了解决这个问题，拙著在研究过程中选取了多学科的视角，借鉴了相当多的研究成果，希望能将主观偏差尽力减少。此外，陈从周曾说："我国古代造园，大都以建筑物为开路……沈元禄记猗园谓：'奠一园之体势者，莫如堂；据一园之形胜者，莫如山。'盖园以建筑为主，树石为辅，树石为建筑之联缀物也。"② 作为园林硬景，园林建筑的重要性无法在本书中完全呈现出来，也是本书一大缺失。而作为园林软景，本书对于花木移栽等细节方面的探讨也不够全面，是为本书另一不足。

---

　　① 〔加〕卜正民著，方骏译：《纵乐的困惑：明代商业与文化》，三联书店，2004年，第251~252页。此外，彼得·L.伯格（Peter L. Berger）和托马斯·卢克曼（Thomas Luckmann）参考知识社会学对于"角色"的考虑，认为在客观化知识中的执行者在代代相传的过程中，脱离了特定的个人的身份，而成为社会客观化活动的扮演者，并构建起来整个制度传统。〔美〕彼得·L.伯格、〔美〕托马斯·卢克曼著，汪涌译：《现实的社会构建》，北京大学出版社，2009年，第61~66页。陈宝良使用了"物带人物"的概念，取自宋人李廌"物为一人重轻也"。换言之，流行时尚物品通常因为一个人的首创而得以盛行于天下，有些甚至以首创之人命名。参考陈宝良：《"服妖"与"时世妆"：古代中国服饰的伦理世界与时尚世界》，《艺术设计研究》2013年第4期。

　　② 陈从周：《园林谈丛》，上海文化出版社，1980年，第10~11页。

第一章　六朝：文人园林的兴起

第一节　农业视角下的庄园[①]

早期园林中的农业因素一直都很明显。众所周知，古典园林包括有"台""囿""圃"三个源头。"台"是一种建筑物类型，《诗经·大雅·灵台》曰："经始灵台，经之营之。庶民攻之，不日成之。经始勿亟，庶民子来。王在灵囿，麀鹿攸伏。麀鹿濯濯，白鸟翯翯。王在灵沼，于牣鱼跃。"[②] 朱熹注："国之有台，所以望氛祲、察灾祥、时游观、节劳佚也。"[③] 这种"游观"是通过以台为中心，与周边的绿化种植、动物饲养等共同形成的空间环境来实现的，此即为古典园林的"苑台"之类。[④] "囿"是周王室的牧场，这里饲养着飞禽走兽之类，并设有"囿人"专职，"掌囿游之兽禁，牧百兽；祭祀、丧纪、宾客，共其生兽死

---

① 本节内容改编自拙文：《论中国早期文人园林的农业属性》，载夏炎主编：《中古中国的知识与社会：南开中古社会史工作坊系列文集（二）》，中西书局，2020年，第296～305页。

② 程俊英、蒋见元：《诗经注析》，中华书局，1991年，第787～789页。

③ ［宋］朱熹：《诗集传》卷一六《大雅·灵台》，中华书局，1958年，第186页。

④ 《史记》卷三《殷本纪》："益广沙丘苑台，多取野兽蜚鸟置其中。"见［汉］司马迁：《史记》，中华书局，1982年，第105页。

兽之物"①。

这样的牧场除了饲养动物，还会栽种树木果蔬，所以《夏小正》有"囿有见韭""囿有见杏"之类的记载。②"囿"的甲骨文为"𤴓"，从中也能看出成行成列的树木、果、蔬的形象。③ 这就给"囿游"提供了必要的空间场所。而"圃"则是种植作物的场地。《说文解字》曰："种菜曰圃。"④《周礼·地官》记曰："场人，掌国之场圃，而树之果蓏珍异之物，以时敛而藏之。凡祭祀、宾客，共其果蓏。享亦如之。"⑤ 并且，"囿"与"圃"同为种植区的属性已经使得二者可以互换，《左传·僖公三十三年》有载："郑之有原圃，犹秦之有具囿也。"杜注："原圃、具囿皆囿名。"⑥ 可见，"圃"与"囿"在当时可能已经通用了。

综上，"台"是为农业生产观察天象的地方，而"囿"与"圃"则是为宫廷提供动植物类物资来源的场所，这三个相对

① 〔汉〕郑玄注，〔唐〕贾公彦疏，黄侃经文句读：《周礼注疏》卷一六《囿人》，上海古籍出版社，1990年，第250页。
② 方向东：《大戴礼记汇校集解》卷二《夏小正》，中华书局，2008年，第139、223页。
③ 叶玉森：《殷虚书契前编集释》卷七，大东书局，1934年，第20页。
④ 〔汉〕许慎撰，〔清〕段玉裁注：《说文解字注》卷六《囗部》，上海古籍出版社，1981年，第278页。
⑤ 〔汉〕郑玄注，〔唐〕贾公彦疏，黄侃经文句读：《周礼注疏》卷一六《场人》，上海古籍出版社，1990年，第250页。
⑥ 见〔战国〕左丘明撰，〔西晋〕杜预集解：《左传》，上海古籍出版社，2015年，第252～253页。另《左传》："及惠王即位，取蒍国之圃以为囿。"见《左传》，第111页。以及胡司德提到："公元前675年周惠王即位，把种植菜蔬瓜果的'圃'改成了蓄养禽兽的'囿'。"见〔英〕胡司德（Roel Sterckx）著，蓝旭译：《古代中国的动物与灵异》，江苏人民出版社，2016年，第143页。

独立的空间组成，在长期的生产生活中逐渐发展出了游观的功用，并且在此后很长的一段时间里，组合成了早期园林的结构框架。

到了东汉末年，北方士人为躲避战乱，大量南下，促进了江南地区的农业开发，汉代时"南方暑湿，近夏瘅热，暴露水居，蝮蛇蠚生，疾疠多作，兵未血刃而病死者什二三"① 的状况得到了改观。这拉开了江南地区园林发展的序幕，也开启了文人园林的时代。在这种时代背景下，仲长统提出自己的理想所居：

使居有良田广宅，背山临流，沟池环匝，竹木周布，场圃筑前，果园树后。舟车足以代步涉之难，使令足以息四体之役。养亲有兼珍之膳，妻孥无苦身之劳。良朋萃止，则陈酒肴以娱之；嘉时吉日，则烹羔豚以奉之。躕躇畦苑，游戏平林。濯清水，追凉风，钓游鲤，弋高鸿。②

这是早期游观空间的缩小版，不仅占地广阔，临山带水，还将日常生活所需与经济实体合而为一，这种构造成了六朝世族大庄园的主体模型。《晋书》记载潘岳在洛阳的庄园：

筑室种树，逍遥自得。池沼足以渔钓，春税足以代耕。灌园鬻蔬，供朝夕之膳；牧羊酤酪，俟伏腊之费。孝乎惟孝，友于兄弟，此亦拙者之为政也。③

---

① ［汉］班固：《汉书》卷六四《严助传》，中华书局，1962 年，第 2781 页。
② ［汉］仲长统撰，孙启治校注：《昌言校注》，中华书局，2012 年，第 401 页。
③ ［唐］房玄龄等：《晋书》卷五五《潘岳传》，中华书局，1974 年，第 1505～1506 页。

史载，同一时期的石崇的金谷园：

在河南县界金谷涧中，或高或下，有清泉茂林，众果、竹柏、药草之属，莫不毕备。又有水碓、鱼池、土窟，其为娱目欢心之物备矣。……昼夜游宴，屡迁其坐，或登高临下，或列坐水滨。时琴瑟笙筑，合载车中，道路并作；及住，令与鼓吹递奏。[①]

到了南朝宋时，王敬弘的舍亭山宅"林涧环周，备登临之美，时人谓之王东山"[②]。同时代谢灵运的始宁山居也"春秋有待，朝夕须资。既耕以饭，亦桑贸衣。艺菜当肴，采药救颓"[③]。以及孔灵符"家本丰，产业甚广，又于永兴立墅，周回三十三里，水陆地二百六十五顷，含带二山，又有果园九处"[④]。南梁时，徐勉的庄园"桃李茂密，桐竹成阴，塍陌交通，渠畎相属。华楼迥榭，颇有临眺之美；孤峰丛薄，不无纠纷之兴。浍中并饶菰蒋，湖里殊富芰莲"[⑤]。这些庄园面积很大，内部分工都很清晰，供应着各个生活门类的日常所需，而且其地理分布还都具有一个明显的特点，即大多坐落在山林川泽地区，通过农业开荒的

---

① ［南朝宋］刘义庆著，徐震堮校笺：《世说新语校笺》卷中《品藻》引《金谷诗序》，中华书局，1984 年，第 291 页。

② ［南朝梁］宋约：《宋书》卷六六《王敬弘传》，中华书局，1974 年，第 1732页。

③ ［南朝宋］谢灵运著，顾绍柏校注：《谢灵运集校注》，中州古籍出版社，1987 年，第 331 页。

④ 《宋书》卷五四《孔灵符传》，第 1533 页。

⑤ ［唐］姚思廉：《梁书》卷二五《徐勉传》，中华书局，1973 年，第 384 页。

形式来实现农业生产及园居生活。[①] 典型的，有如谢灵运的开垦记载："尝自始宁南山伐木开迳，直至临海，从者数百人"[②]，

---

① 唐长孺认为当晋室东渡后，北方大族南来者多集中在扬州，即今江苏南部与浙江。这一地区在孙吴统治时，本地原来的大族已经占有了大量土地，剩下来可供北方大族掠取的土地很有限，于是他们只能转向过去未开垦的或土地使用价值较低的山林川泽。见唐长孺：《南朝的屯、邸、别墅及山泽占领》，《历史研究》1954 年第 3 期；唐长孺：《山居存稿》，武汉大学出版社，2013 年，第 1～23 页。并且，六朝时期，江南的政权没有掌握那么多无主荒地（不少荒地是国家管不着的，或者是非常难以开发的），公社残余正在衰落，因此江南发展农业的途径只能是通过封建大土地所有制、田园别墅组织来实现，而不是通过国家。见唐长孺：《三至六世纪江南大土地所有制的发展》，上海人民出版社，1957 年，第 4～5 页。傅筑夫持有相似的论点，认为南朝时期的土地兼并主要是抢占山林、原野、湖沼、丘陵等原来的无主之田。见傅筑夫：《中国封建社会经济史（第三卷）》，人民出版社，1984 年，第 202～210 页；傅筑夫：《中国封建社会经济史（第四卷）》，人民出版社，1984 年，第 233～234 页。相似的情况也发生在寺院经济上。此时的寺院获得了收取附近田地赋税的权利，并被允许建在山丘和高地上，因为那里的土地属于"国有"且不参与"均田"分配。见〔美〕马立博（Robert B. Marks）著，关永强、高丽洁译：《中国环境史：从史前到现代》，中国人民大学出版社，2015 年，第 177 页。谢和耐（Jacques Gernet）认为唐代初年法制体系还极力保护农民的土地和维护土地分配终身性这一原则；但在涉及荒地时，政策则表现得比较通融。大面积耕种遗弃的所有土地，都可以让它们变作允许转让的财产，如那些位于住宅区内的农民的小块田园和远离水源的土地，均属这种情况。那些坟茔地和上层阶级的地产（汉代叫"名田"），在唐初又被称为"别墅"和"庄园"。所有这些私人地产，也就是农民的永业田和大户的庄园，都有它们各自的特征，一些植树的地与水田具有根本不同的特殊面貌，它们是由田园和牧场组成的，位于山岭、小丘和河谷。如果它们中还包括耕田，那也是一些从荆棘丛中开垦得来的耕地，可种植一些抗旱力较强的作物。〔法〕谢和耐著，耿昇译：《中国 5～10 世纪的寺院经济》，上海古籍出版社，2004 年，第 117～118 页。此外，汉代对山泽怀有敌对情绪，有名的例子如淮南小山《招隐士》："王孙兮归来！山中兮不可以久留。"见〔宋〕朱熹集注：《楚辞集注》，上海古籍出版社，1979 年，第 167～169 页。谢肇淛认为："（汉时四讳）将举吉事，入山林，远行度川泽者，皆不与之交通。"见〔明〕谢肇淛著，沈世荣标点：《文海披沙》，大达图书供应社，1935 年，第 2 页。在经济开发背景下，这种敌意逐渐改变，王维才可以咏出"随意春芳歇，王孙自可留"之句。见〔唐〕王维著，陈铁民校注：《王维集校注》卷五《山居秋暝》，中华书局，1997 年，第 451 页。

② 《宋书》卷六七《谢灵运传》，第 1775 页。

"凿山浚湖，功役无已"①，"会稽东郭有回踵湖，灵运求决以为田，太祖令州郡履行。此湖去郭近，水物所出，百姓惜之，（孟）顗坚执不与。灵运既不得回踵，又求始宁岯崲湖为田，顗又固执。灵运谓顗非存利民，正虑决湖多害生命，言论毁伤之，与顗遂构仇隙"②。

与此同时，还出现了一些徙民事件，如"山阴县土境褊狭，民多田少，灵符表徙无赀之家于余姚、鄞、郧三县界，垦起湖田"③。并且屯田也出现在了山泽间，"司徒竟陵王于宣城、临城、定陵三县界立屯，封山泽数百里"④。

当世家大族封占山泽的行为成了频繁发生的事件后，山泽禁令名存实亡，朝廷也只好放弃了传统权力，史载：

时扬州刺史西阳王子尚上言："山湖之禁，虽有旧科，民俗相因，替而不奉，燧山封水，保为家利。自顷以来，颓弛日甚，富强者兼岭而占，贫弱者薪苏无託，至渔採之地，亦又如兹。斯实害治之深弊，为政所宜去绝，损益旧条，更申恒制。"有司按壬辰诏书："占山护泽，强盗律论，赃一丈以上，皆弃市。"（羊）希以"壬辰之制，其禁严刻，事既难遵，理与时弛。而占山封水，渐染复滋，更相因仍，便成先业，一朝顿去，易致嗟怨。今更刊革，立制五条。凡是山泽，先常燧爈种养竹木杂果为林芿，及陂湖江海鱼梁鮨鳌场，常加功修作者，听不追夺……"从之。⑤

---

①② 《宋书》卷六七《谢灵运传》，第 1776 页。

③ 《宋书》卷五四《孔灵符传》，第 1533 页。

④ 《梁书》卷五二《顾宪之传》，第 759 页。

⑤ 《宋书》卷五四《羊玄保传附兄子希传》，第 1536～1537 页。

从这条史料中可以看出，羊希认为在国家承认了封占山泽的私人产权后，地主大多需要在新开垦的土地上烧荒、种植竹木杂果之类，来对新占有的土地进行所谓的"加功修作"，而这种开垦、殖产的方式与前述庄园呈现的景致相符合。

然而，这种"开荒"活动在六朝时是一项费时费力的大工程，据《齐民要术》记载：

凡开荒山泽田，皆七月芟艾之，草干即放火，至春而开。其林木大者，劚杀之，叶死不扇，便任耕种。三岁后，根枯茎朽，以火烧之。耕荒毕，以铁齿钃楱再徧杷之，漫掷黍穄，劳亦再徧。明年，乃中为谷田。[①]

可见，将荒地开垦为适合耕种的"谷田"，至少需要四年的时间才能完成。《齐民要术》主要探讨的是黄河中下游地区的情况。较之华北，长江流域的植被物种更丰富，结构也更为复杂，生态系统的抵抗力稳定性也就更高，相应地，开荒也就更加费时费力。

并且江南卑湿，在这里开荒耕作更为麻烦的是需要解决水利的问题。建造和维护堤岸的成本都很高，普通的小庄园根本负担不起此类工程。所以，彼时的水利工程除了朝廷主持之外，大都是有钱有力的世家大族（为自己的庄园）修建而成。很显然，谢灵运的始宁山庄就具备了这个条件。"南山则夹渠二田，周岭三

<hr>

① ［北魏］贾思勰著，缪启愉校释：《齐民要术校释》卷一《耕田》，农业出版社，1982年，第24页。

苑。九泉别涧，五谷异巇，群峰参差出其间，连岫复陆成其坂。众流溉灌以环近，诸坻拥抑以接远。远堤兼陌，近流开湍。凌阜泛波，水往步还。还回往匝，枉渚员峦。呈美表趣，胡可胜卑。"①

因此，相较谢灵运的始宁山庄呈现出的为荒野所包围、但已开垦完善、含山带水、秩序井然的大型农庄的面貌，贫穷的陶渊明的居所（或者说小庄园）更像是在距离山、水都有一段距离的小块土地上，于是他奋力耕作于农田与荒地交错的控制线上，例如，陶诗中出现"贫居依稼穑，戮力东林隈"②，"开荒南野际，守拙归园田"③，"种豆南山下，草盛豆苗稀。晨兴理荒秽，带月荷锄归"④，"茅茨已就治，新畴复应畬"⑤，这种处于荒野边界的农业景观时刻都需要人工调控，才能维持。正因为此，陶诗中不时会出现此类担忧，诸如"桑麻日已长，我土日已广。常恐霜霰至，零落同草莽"⑥，"种豆南山下，草盛豆苗稀"⑦。

<hr>

① 参考《谢灵运集校注》，第318～345页。以及《宋谢灵运〈山居赋〉地理补注》："南山者，对北山而言也。本康乐祖车骑将军元卜居地，故曰开创〈嵊县旧志〉载元父奕为剡令，乐其山水，有寓居之谋，元因归剡于崤山，东北太康湖江曲起楼，楼侧桐梓森郁，人号桐亭楼。太康湖在动石溪滨，本人力所成，以上下十数里间，皆谢氏田业，故前郁树岭秀，峰山南北夹峙之势。筑堤建闸，遏水成湖，以资灌溉，虽久淤废，形迹仍在。溪旁尚有湖村、清潭村之名，皆当日湖之中泓也。"见〔清〕丁谦：《嵊县志》卷二三，成文出版社，1975年，第1698～1743页。
② 〔晋〕陶渊明著，逯钦立校注：《陶渊明集》卷三《丙辰岁八月中于下潠田舍获》，中华书局，1979年，第85页。
③ 《陶渊明集》卷二《归园田居五首（其一）》，第40页。
④⑦ 《陶渊明集》卷二《归园田居五首（其三）》，第42页。
⑤ 《陶渊明集》卷二《和刘柴桑》，第57～58页。
⑥ 《陶渊明集》卷二《归园田居五首（其二）》，第41页。

学界普遍认为，"园林"一词最早出现于陶诗当中，"阶除旷
游迹，园林独余情"①，"静念园林好，人间良可辞"②，"诗书敦
宿好，林园无世情"③。但是稍加考察，就可以看出这里的"园
林"其实并不完全具备后世园林的意涵，而是"园"和"林"的
统称，因为二者还可以互换位置，"园林"或者"林园"指代的
应该是田园、菜园与周边的树林之类。④ 而这些"园林"很可能
就位于陶渊明三处住所的周边。⑤ 也许正因为此，在以园林发展
脉络为对象的研究取径中，很少有人把陶渊明的住处与古典园林
挂上钩，而只是给了一个"山水田园"的称号，即便是在谢灵运
的始宁山居被普遍认为是山水庄园式园林之后。

陶渊明的名篇《归园田居（其一）》：

方宅十余亩，草屋八九间，榆柳荫后檐，桃李罗堂前。

暧暧远人村，依依墟里烟，狗吠深巷中，鸡鸣桑树巅。⑥

该诗是对家宅周围环境的细致描绘。这是一座被榆柳桃李所
环绕、隔离了俗世纷杂的小型村落，是一方受到了良好保护的隐

① 《陶渊明集》卷二《悲从弟仲德》，第69页。
② 《陶渊明集》卷三《庚子岁五月中从都还阻风于规林二首（其二）》，第74页。
③ 《陶渊明集》卷三《辛丑岁七月赴假还江陵夜行涂口》，第74～75页。
④ "园林"与"林园"一词互换的情况到唐代时还常有发生，例如白居易的"闲步绕园林"（［唐］白居易著，顾学颉校点：《白居易集》卷八《林下闲步，寄皇甫庶子》，中华书局，1979年，第164页），以及"幸是林园主"（《白居易集》卷二五《忆洛中所居》，第556页），《戏答林园》（《白居易集》卷三二《戏答林园》，第721页），"洛下林园好自知，江南景物暗相随"（《白居易集》卷二八《池上小宴，问程秀才》，第636页），等等。不过，这种位置互换的情况在中唐之后就很少见到了。
⑤ 逯钦立考证陶渊明的住所有三处，参考《陶渊明集》附录《陶渊明事迹诗文系年》，第206-207页。
⑥ 《陶渊明集》卷二《归园田居五首（其一）》，第40页。

蔽的私人空间。这与他本人所描述的理想居所"桃花源"一致，这里"土地平旷，屋舍俨然。有良田、美池、桑竹之属。阡陌交通，鸡犬相闻"，而这个世外村落的外围也是"桃花林，夹岸数百步，中无杂树，芳华鲜美，落英缤纷"[1]。于是乎，陶渊明的宅园成了后世，尤其是宋以后，私家园林建造过程中的重要参考意象。[2] 陶渊明通过文字书写，为自己的宅园在中国古典园林史上赢得了无法忽视的地位。

园林的定义有很多种，但万变不离其宗。例如，较为通行的周维权先生的定义："在一定的地段范围内，利用、改造天然山水地貌，或者人为开辟山水地貌，结合种植栽培、建筑布置，辅以禽鸟养畜，从而构成一个以追求视觉景观之美为主的赏心悦目、畅情抒怀的游憩、居住的环境。"[3] 可是，我们也很容易看出，历史上的园林并不是一直都符合这类严格的定义。早期园林中的农业因素占了很高的比重，有时农业经济的收获甚至是早期园林存在的最主要的原因，兹如《梁书》所载徐勉的庄园：

聊于东田闲营小园者，非在播艺，以要利入，正欲穿池种树，少寄情赏……由吾经始历年，粗已成立，桃李茂密，桐竹成阴，塍陌交通，渠畎相属。华楼迥榭，颇有临眺之美；孤峰丛

---

① 《陶渊明集》卷六《桃花源记》，第165～169页。

② 最为典型的有如拙政园的"见山楼"，以及拙政园东部的"归田园居"，太平天国时被毁。光绪年间，拙政园西部归张履泰为"补园"，中部归官署所有。班宗华（Richard M. Barnhart）认为桃花源充斥着陶潜的私园经验的类比，桃花源出现后，立即进入大众想象的领域，变成后世诗人和画家最喜爱的主题之一。Richard M. Barnhart, Peach Blossom Spring. New York: The Metropolitan Museum, 1983, pp. 16.

③ 《中国古典园林史》，第3页。

薄，不无纠纷之兴。渎中并饶菰蒋，湖里殊富菱莲。①

即便徐勉强调他建造田中之园并不是"以要利人"，而是"少寄情赏"，但是畎亩内外的竹木果蔬及湖泊所获的农产品，必不仅仅是为了看看而已。所以，"少寄情赏"的"少"并不是自谦，这里的观赏价值是在庄园农业价值上的附加成分。这既是文人园林脱胎于农庄生活的标志，也是此时园林不可避免的共有特征。实际上，这还肯定了农业价值高于观赏价值，也就造就了庄园园林主要出现在开荒前线而非传统农耕区的分布趋势，以及此时庄园景观借景大自然山水的必然性。②

然而，在寻找（建构）园林发展脉络的研究路径中，我们的视线总是被锁定在"园林元素"的身上，这类"农业因素"往往成了不小心混杂进"园林因素"体系过程中，需要被剥离开、去除掉，甚至被忽视掉的"杂质"。这就必然会让追求严格界定的我们困惑不已、手足无措。但是，一旦我们把视线放得长远一些，就会发现"农业因素"甚至到了帝国晚期，都还存在于中国

---

① 《梁书》卷二五《徐勉传》，第384页。

② 汉时著名的私家园林个案："茂陵富人袁广汉，藏镪巨万，家僮八九百人。放北邙山下筑园，东西四里，南北五里，激流水注其内。构石为山，高十余丈，连延数里。养白鹦鹉、紫鸳鸯、牦牛、青兕，奇兽怪禽，委积其间。积沙为洲屿，激水为波涛，其中致江鸥海鸥，孕雏产殼，延漫林池。奇树异草，靡不具植。屋皆徘徊连属，重阁修廊，行之，移身不能遍也。广汉后有罪诛，没入为官园，鸟兽草木，皆移植上林苑中。"见［晋］葛洪：《西京杂记》卷三，中华书局，1985年，第18页。这是一座模仿宫苑而建的私家园林，僭越的下场很惨烈，"广汉后有罪诛，没入为官园，鸟兽草木，皆移植上林苑中"。吴世昌先生认为袁广汉的罪过大概是因为他的园子盖得太好。所谓"匹夫无罪，怀璧其罪"，"这样看来，截止到汉代，私家园林大概是不会有，也不许有的"。见吴世昌：《魏晋风流与私家园林》，《学文》1934年第2期。袁广汉的例子从经济与权力地位上基本排除掉了普通文人照这种方式建园的可能性。

古典园林之中。① 有鉴于此，我们不妨把这部分胶着的"农业因素"与"园林元素"一并带进考察，将其视作一个有机整体。②

———————————

①　英国学者柯律格认为明时王献臣的拙政园就是一座以市场为导向的经济作物园，当时的"园"应作"果园"解。参见 Fruitful Sites: Garden Culture in Ming Dynasty China. pp. 16-59. 此外，明代上林苑的中心部分是采育，故又名"采育上林苑"，位于左安门外以东 55 里处。这里原来也是一片荒芜之地，永乐年间从山西平阳迁来的移民在这里繁育树木蔬果、养殖牲畜家禽以供应宫廷之用。经过一段时间建设，有了一些可观之景，也兼作皇帝偶尔出城游赏之地。它的管理机构为上林苑监蕃采署（蕃育署），下设林衡、嘉蔬、良牧三处，即所谓"外光禄"。清圆明园也有专门种植花木的园户、花匠，还有太监经营果园、菜畦。乾隆时的一通"莳花碑"记述一处花圃，由于园户、花匠三百余人的辛勤劳作，不少移自南方的花木也在这里繁育起来。清皇家畅春园苑林区西路南端无逸斋，康熙年间赐理密亲王居住，后改为幼年皇子皇孙读书之所。乾隆时皇帝诣畅春园向皇太后安，常在此传膳办事。这一带"南为菜园数十亩，北则稻田数顷"。相关信息可参考〔清〕孙承泽：《天府广记》，北京古籍出版社，1984 年；周维权：《中国古典园林史》，清华大学出版社，1990 年。

②　关于园林与农业的关系，我们还可以参考约阿希姆·拉德卡（Joachim Radkau）的观点。他认为人类很早就形成了一种亲密同时又充满了创造性的与自然相处的环境——花园。借助于栅栏和明确的界限，花园比耕地更清楚地将自己与野生世界分得明明白白。精耕细作的传统最早开始于花园，并且许多迹象还表明，花园的种植要比耕地的开发还早。在那些尚未从事大面积农业的原始耕作的地方同样也存在花园。几乎所有的 12 000 种人工培育的植物，在它们还没有被移到大田作为多种经营的对象而大批种植之前，都曾经经历过园林培育。易言之，花园是农业大田作物的试验田。见〔德〕约阿希姆·拉德卡著，王国豫、付天海译：《自然与权力：世界环境史》，河北大学出版社，2004 年，第 63～72 页。当然，他在这里提到的"花园"与园林还存在着一定的差距，更像是园林的早期身份"圃"，如曹植《藉田赋》中所说："夫凡人之为圃，各植其所好焉！好甘者植乎荠，好苦者植乎荼，好香者植乎兰，好辛者植乎蓼。至于寡人之圃，无不植也。"即是也。见〔宋〕李昉：《太平御览》卷八二四《资产部四》，中华书局，1960 年，第 3674 页。相似的还有佛教寺庙的庭园。寺庙的庭园对驯化传播而来的植物起过相当大的推动作用，尤其是药用植物。参考〔唐〕皮日休：《重玄寺元达年逾八十好种名药凡所植者多至自天台四明包山句曲丛翠纷糅各可指名余奇而访之因题二章》，载〔清〕彭定求等编：《全唐诗》卷六一三，中华书局，1960 年，第 7078 页；〔英〕李约瑟（Joseph Needham）著，袁以苇等译：《中国科学技术史》第六卷第一分册《植物学》，科学出版社，2006 年，第 227 页。

当然，这并不是蓄谋将园林概念"泛化"①，而是希望将考察的范围扩大，以便作更为总体的评价，因为这样反映和涉及的信息基础将更为丰富全面，也更真实。② 基于这种考虑，笔者认为此时的文人园林可以理解为一种带有农业性质的开发方式。③ 尽管

————————

① 潘谷西认为20世纪五六十年代以来园林的概念出现了"泛化"的倾向，为了对景观建筑学进行更深刻的把握与追求，他提出了"理景"的概念来代替"园林"。参考潘谷西：《江南理景艺术》，东南大学出版社，2001年，第1页。而事实上，他提出"理景"的概念，也就表明他接受了园林概念不可避免"泛化"的既定事实。

② "我们必须承认这是一个正当的要求，即对于一种历史，不论它的题材是什么，都应该毫无偏见地陈述事实，不要把它作为工具去达到任何特殊的利益或目的。但是像这样一种空泛的要求对我们并没有多大帮助。因为一门学问的历史必然与我们对于它的概念密切地联系着。根据这概念就可以决定那些对它是最重要、最适合目的的材料，并且根据事变对于这概念的关系就可以选择那必须记述的事实，以及把握这些事实的方式和处理这些事实的观念。很可能一个读者依据他所形成的什么是一个真正国家的观念去读某一个国家的政治史，会在这里面找不到他所要寻找的东西。在哲学史里尤其是这样，我们可以举出许多哲学史的著述，在那里面我们什么东西都可以找得到，就是找不到我们所了解的哲学……哲学有一个显著的特点，与别的科学比较起来，也可说是一个缺点，就是我们对于它的本质，对于它应该完成和能够完成的任务，有许多大不相同的看法。如果这个最初的前提，对于历史题材的看法，没有确立起来，那么，历史本身就必然会成为一个游移不定的东西。只有当我们能够提出一个确定的史观时，历史才能得到一贯性，不过由于人们对它的题材有许多不同的看法，这样就很容易引起片面性的责难。"见〔德〕黑格尔(G. W. F. Hegel) 著，贺麟、王太庆译：《哲学史讲演录》第一卷，商务印书馆，1983年，第4～5页。

③ 《说文解字》注"园"字："所以树果也。"见《说文解字注》卷六《口部》，第278页。《艺文类聚》将"产业部"分为农、田、园、圃等，也能给我们提供一些讯息。参考［唐］欧阳询撰，汪绍楹校：《艺文类聚》卷六五《产业部》，上海古籍出版社，1965年，第1157～1170页。童寯在《江南园林》一文中也说："田园并称，同属绿化，园只不过是田的美化加工，园一旦荒废，便复为农田，从事生产。"见童寯：《童寯文集》第一卷，中国建筑工业出版社，2000年，第238～240页。另外，古罗马的"villa"原指古罗马上等阶层的住宅，即一种与农业相关的乡村住所，后该词含义扩大至包括房主所拥有的土地以及这片土地的经营方式。因此，有人将"villa"称为罗马式庄园。参考〔英〕W·G·霍斯金斯（William George Hoskins) 著，梅雪芹、刘梦霏译：《英格兰景观的形成》，商务印书馆，2018年，第8页。

生产价值在后世园林中逐渐淡化，但是在园圃中按照主人意愿改变地形地貌、艺树莳花，定向性改善生活居所，即便不是为了物资产品，本身也是带有农业性质的开发行为。需要特别提醒注意的是，我们还能从这段历史的简单追溯中看到，对古代文人来说，古典园林的景观美本身就带有对农业景观的喜闻乐见。[①] 正如皮埃尔·阿道（Pierre Hadot）所说，古代哲学思想来源于日用人生，后世的哲学则抽离了日用人生。[②] 景观美学作为哲学的分支，与之具有同质同构性。

如此，我们就可以不用再纠结于山水与田园的复合风光是否符合现在的园林定义，进而对考察范围的界定充满困惑，以至固步不前。彼时的园林处于农业开发的前锋位置，处于田园与自然的分界处，园林之景很自然地呈现出了自然山水之景与人工农业之景的复合状态。而谢灵运等人对山水的喜爱，在一定程度上都带有征服自然，将自然景观转变为人工景观的欢愉之情状。园林产生于这种开发背景之下。理解到了这点，才更能体会计成在《园冶》中描述的建园过程：

---

① 伊懋可（Mark Elvin）认为早期中国的中原地区，森林从未与自然山川等自然物一样被祭祀过，而是被视作待砍伐、开发的对象。易言之，中国古典文化的原核部分存在着敌视森林的情结，将清除森林视为创造文明世界的前提。参考〔英〕伊懋可著，梅雪芹、毛利霞、王玉山译：《大象的退却：一部中国环境史》，江苏人民出版社，2014 年，第 47～53、83 页。

② 法国哲学家皮埃尔·阿道认为古代哲学思想来源于日用人生（common conduct of life），后世哲学在发展过程中，逐渐抽离了日用人生，变成了学院教条（principal dogmas of the school）。参考 Pierre Hadot, Philosophy as a Way of Life: Spiritual Exercises from Socrates to Foucault. New Jersey: Wiley-Blackwell, 1995, pp. 56 - 60.

凡结园林，无分村郭，地偏为胜。开林择剪蓬蒿，景到随机，在涧共修兰芷。①

第二节　贵族社会的两种观景尺度②

段义孚的弟子提姆·克瑞斯威尔（Tim Cresswell）在《地方：记忆、想像③与认同》中，提出了一个强调人参与在内的"景观"的概念，他认为景观是人站在某个位置上所观察到的地表的部分。这样，"景观"的客观存在就包括了一块汇聚了物质地形的土地（被看到的内容）与视觉的概念（被观看的方式）两个方面。毕竟，我们不生活在景观里，我们只是观看着它们。④于是，我们就会发现景观的呈现与观者所处位置和观景的视角相互关联在了一起。而当我们把焦点从土地的物质形态转移到观者所处的位置时，就有助于检视景观实质性结构变换现象背后的驱动力。

南朝宋初，"庄老告退而山水方滋"⑤。谢灵运作为山水诗赋

① 《〈园冶〉注释（第二版）》卷一《园说》，第51页。
② 本节内容改编自拙文：《中古时期文人园林的观景模式变迁——从谢灵运、陶渊明到柳宗元》，《中国园林》2020年第12期。
③ 书名中的"想像"一词具有哲学层面的内涵，指人在头脑里对已储存的相关知识、积累的经验进行加工改造形成新形象的思维或心理活动过程。它是一种抽象的思维形式。想像和思维有着密切的联系，都属于高级的认知过程，都产生于问题的情景，由个体的需要所推动，并能预见未来。
④ 〔美〕提姆·克瑞斯威尔著，徐苔玲、王志弘译：《地方：记忆、想像与认同》，群学出版有限公司，2006年，第19～21页。提姆·克瑞斯威尔的这个观点与我们后文会谈到的叔本华、王国维强调意志论的审美观有异曲同工之效。
⑤ 〔南朝齐〕刘勰：《文心雕龙》卷二《明诗》，中华书局，1985年，第9页。

的开创者①，其名篇《山居赋》自然也就成了探讨六朝时期园林状况无法回避的文章。关于这座始宁庄园，谢灵运记载：

其居也，左湖右江，往渚还汀。面山背阜，东阻西倾。抱含吸吐，款跨纡萦。绵联邪亘，侧直齐平。

近东则上田、下湖，西谿、南谷，石墄、石滂，闵硎、黄竹。决飞泉于百仞，森高薄于千麓。写长源于远江，派深毖于近渎。

近南则会以双流，萦以三洲。表里回游，离合三川。岰崩飞于东峭，槃傍薄于西阡。拂青林而激波，挥白沙而生涟。

近西则杨、宾接峰，唐皇连纵。室、壁带谿，曾、孤临江。竹缘浦以被绿，石照涧而映红。月隐山而成阴，木鸣柯以起风。

近北则二巫结湖，两旮通沼。横、石判尽，休、周分表。引修堤之逶迤，吐泉流之浩漾。山岯下而回泽，濑石上而开道。

远东则天台、桐柏，方石、太平，二韮、四明，五奥、三菁。表神异于纬牒，验感应于庆灵。凌石桥之莓苔，越栖谿之纤萦。

远南则松箴、栖鸡，唐嵫、漫石。崪、嵊对岭，嶍、孟分隔。入极浦而邅回，迷不知其所适。上欹崎而蒙笼，下深沉而浇激。

---

① "诗三百五篇，于兴观群怨之旨，下逮鸟兽草木之名，无弗备矣，独无刻画山水者；间亦有之，亦不过数篇，篇不过数语，如'汉之广矣''终南何有'之类而止。汉魏间诗人之作，亦与山水了不相及。迨元嘉间，谢康乐出，始创为刻画山水之词，务穷幽极渺，抉山谷水泉之情状，昔人所云'庄老告退，而山水方滋'者也。宋齐以下，率以康乐为宗。至唐王摩诘、孟浩然、杜子美、韩退之、皮日休、陆龟蒙之流，正变互出，而山水之奇怪灵闷、刻露殆尽；若其滥觞于康乐，则一而已矣。"见〔清〕王士禛：《带经堂诗话》卷五《绪论类》，人民文学出版社，1963 年，第115~116 页。

远西则下阙（此处阙四十四字）

远北则长江永归，巨海延纳。崑涨缅旷，岛屿绸沓。山纵横以布护，水回沉而萦洄。信荒极之绵眇，究风波之瞑合。[①]

显然，在谢灵运的景观布局中，始宁山居被放在了图景的中心，再分别往东、南、西、北四个方向简单勾画山水元素，最后将视线放远，推向远东、远南、远西和远北四个方向，呈现出来的是一幅格局明朗的全景式分区图景。[②] 为了能够展现这种尺度与视野，谢灵运本人应该是站在了山体的一个制高点，这样才能实现这种俯瞰庄园及其周边的自上而下的观景效果。这种视角表现了一种胸怀天下的气魄，明显带有一种占有性质的夸耀。为了增加庄园的气势，谢灵运甚至不惜拼凑构筑单元。[③] 当然，这种自上而下的观看方式并非谢灵运本人独有。

如前所述，中国古典园林的源头之一是"台"。《吕氏春秋》高诱注："积土四方而高曰台。"[④]《说文解字》："台，观四方而高者也。"段玉裁注："《释名》曰：'观，观也，于上观望也。'

---

① 《谢灵运集校注》，第318～345页。

② 关于始宁庄园的地理考证一直吸引着学界的注意，庄园规模之广，并无疑议。相关考证，可参考《嵊县志》卷二三《宋谢灵运〈山居赋〉地理补注》，第1698～1743页；《中国封建社会经济史（第三卷）》，第16页；丁加达：《谢灵运山居考辨》，《杭州师范学院学报（社会科学版）》1990年第5期；龚剑锋、金向银：《始宁庄园地理位置及主要建筑新考》，《中国历史地理论丛》1992年第3期；王欣：《谢灵运山居考》，《中国园林》2005年第8期；等等。

③ 《嵊县志》卷二三《宋谢灵运〈山居赋〉地理补注》，第1698～1743页。

④ ［战国］吕不韦著，许维遹集释：《吕氏春秋集释》卷五《仲夏纪》，中国书店，1985年，第159页。

观不必四方，其四方独出而高者，则谓之台。"① 这种建筑在长期的发展中，逐渐显现出游观的功用，成为统治阶层获得良好视角的建筑物，对此，《国语》有两则记载："（晋）悼公与司马侯升台而望曰：'乐夫！'对曰：'临下之乐则乐矣；德义之乐则未也。'"② "（楚）灵王为章华之台，与伍举升焉，曰：'台美夫！'对曰：'吾闻国君服宠以为美，安民以为乐，听德以为聪，致远以为明。不闻其以土木之崇高彤镂为美，而以金石匏竹之昌大嚣庶为乐。不闻以观大、视侈、淫乐以为明，而以察清浊为聪也。先君庄王为匏居之台，高不过望国氛，大不过容宴豆，土不妨守备，用不烦官府，民不废时务，官不易朝常。'"③ 楚灵王的例子表明，此前楚庄王用以望气的小型的匏居台已经演变成了观大、视侈、淫乐的奢侈建筑物。而由司马侯回晋悼公的话可知，这种建筑类型的享乐方式主要是临下，即从高处往下俯瞰。但是，由于建筑高台需要夯土等复杂精细的工序，成本很高，不可避免会出现不合德义的批评。④

然而，"高台榭，美宫室，以鸣得意"在早期社会中仍然是一种较为普遍的情况。至魏晋南北朝时期，当时的社会已经形成了一股建台的热潮。史籍中可稽者甚多，其中有名的有曹操所建

---

① 《说文解字注》卷一二《至部》，第 585 页。

② 徐元诰撰，王树民、沈长云点校：《国语集解》，中华书局，2002 年，第 415 页。

③ 《国语集解》，第 493～497 页。

④ 土壤中蓄存着空气，这对于大型建筑来说是很大的安全隐患。笔者曾在园林施工现场观看人造山坡的"水夯"过程，需要在堆砌好山坡后长时间放水来排挤空气，压实土壤。而在古代，夯土版筑法则需要反复地捶打，这无疑需要更大的工程量。此外，建筑台这类建筑与堆垒山坡不同，还需杀死土壤中的虫卵与草籽。

三台："邺城西北隅，因城为基址。建安十五年，铜爵台成，曹操将诸子登楼，使各为赋。陈思王植援笔立就。……铜爵台高一十丈，有屋一百二十间，周围弥覆其上。金虎台有屋百三十间。永井台有冰室三，与凉殿皆以阁道相通。三台崇举，其高若山云。至后赵石虎更加崇饰，甚于魏初。"① 曹魏至后赵的邺城三台"三台崇举，其高若山云"，是高台建筑的典型，军事、生活、观景、享乐四不误。

相较华北，江南地区则因为地形的关系，更多是依据高地建台、楼馆之类获得相近的景观效果，如在后世诗文中不断出现的用以登高怀古的凤凰台，史载："起台于山，因以为名。又案《宫苑记》，凤凰楼在凤台山上，宋元嘉中筑，有凤凰集，以为名。"② 以及，华林园建于建康台城的西北隅，裴子野在《游华林园赋》中记载："正殿则华光弘敞，重台则景阳秀出。赫奕翚焕，阴临郁律。绝尘雾而上征，寻云霞而蔽日。经增城而斜趣，有空垄之石室。在盛夏之方中，曾匪风而自慄。溪谷则沱潜派别，峭峡则险难壁立。积峻窦，溜阑干。草石苔藓，驳荦丛攒。既而登望徒倚，临远凭空。广观遂听，靡有不通。"③ 此外，还有高楼建筑的代表，如王粲《登楼赋》所言："登兹楼以四望兮，聊暇日以销忧。览斯宇之所处兮，实显敞而寡仇。"④ 台、楼之

---

① ［晋］陆翙撰，王云五主编：《邺中记》，商务印书馆，1937年，第2～3页。

② ［宋］周应合：《景定建康志》卷二二《凤凰台》，成文出版社，1983年。

③ ［清］严可均校辑：《全上古三代秦汉三国六朝文·全梁文》卷五三《游华林园赋》，中华书局，1958年，第3261～3262页。

④ ［南朝梁］萧统编，［唐］李善注：《文选》卷一一《登楼赋》，上海古籍出版社，1986年，第489～493页。

高，可见一斑。而杜牧的名句"南朝四百八十寺，多少楼台烟雨中"，则是彼时建楼台数量的侧面反映。[①]

这种建造台楼的潮流，从建筑的本体上来讲，固然有军事防御的意义。然而，从另一方面来讲，恐怕与道教升仙思想也有着莫大的关联。古人相信神明居住在高处，登高访仙，求得仙药，就可以长生不老，最典型的有如汉武帝所建的神明台、登仙台、祈仙台、通天台等。[②] 裴子野"经增城而斜趣"中的"增城"即"曾城"，是为传说中昆仑之上的宫城名。[③] 进一步考虑的话，这种带有神仙色彩的高台还能使人远离世间的混乱，登临者据此还可以抽离出一种他者的身份来。巫鸿认为大型纪念性建筑，如高

———————————

① ［唐］杜牧：《樊川文集》卷三《江南春绝句》，上海古籍出版社，1987年，第44页。此时还出现了一批以台城命名的地名，北方如三台城。"三台城，在县南三十五里，按《城冢记》云：'燕、魏二国各据一方，分易水为界，燕筑三台，登降耀武。汉赤眉贼起兵于此，亦增筑三台。'"见［宋］乐史：《太平寰宇记》卷六七《雄州》，中华书局，2007年，第1365页。南方有梁武帝馁死之地建康宫，也称为台城，韦庄《台城》记曰："江雨霏霏江草齐，六朝如梦鸟空啼。无情最是台城柳，依旧烟笼十里堤。"见《全唐诗》卷六九七《台城》，第8021页。

② "神明台，武帝造祭仙人处，上有承露盘，有铜仙人舒掌捧铜盘玉杯，以承云表之露，以露和玉屑服之以求仙道。"见［清］孙星衍撰，［清］庄逵吉校定：《三辅黄图》卷三《右未央宫》，商务印书馆，1936年，第22～23页。《文选》李善注："戴延之《西征赋》曰：嵩，中岳也。东谓太室，西谓少室，相去十七里。嵩高，总名也。汉武帝作登仙台，在少室峰下。"见《文选》卷二二，第1059页。"《三秦记》：坊州桥山有汉武帝祈仙台，高百尺。李钦止题诗《汉武帝祈仙台》云：'四方祸结与兵连，海内空虚在末年。漫筑此台高百尺，不知何处有神仙。'"见王重民等辑录：《全唐诗外编》卷一九引《永乐大典》，中华书局，1982年，第672页。此外还有通天台，见《史记》卷一二《孝武本纪》，第479页；《汉书》卷二五《郊祀志》，第1242页。

③ "增城九重，其高几里？"见《楚辞集注》，第57页。《淮南子》中也有"曾城九重"。见［汉］刘安等编著，［汉］高诱注：《淮南子》卷四《墬形训》，上海古籍出版社，1989年，第40页。

台和陵园等，代替早期青铜礼器成了表达新的政治和宗教权威的法定形式。这两类新型的纪念性建筑与强大的政治实体和显赫的个人权威直接相关，主要通过自身建筑形式来实现它们的意义。对强有力的建筑象征符号的欲望刺激了人们营造高大建筑的热情，包括壁画与浮雕等形式的建筑装饰也开始主导人们的艺术想象力。① 正所谓"不壮不丽，不足以一民而重威灵"②，从这层意义上来考虑，楼台本身也就变成了被观赏的园林景物。

　　总而言之，高台之类的大型建筑在早期世界史上都占有重要的地位，这与它们能唤起民众的宗教敬畏感不无关系。而对于台上的人来说，他们还能通过台之类建筑获得接近上天的神性作用。③ 于是台这种建筑单元就占据了向心性权力的中心点。这个位置所获得的权力美学，使得台下的景物是以单元形式来呈现的，接近于一种符号的存在。④

────────────

　　① 〔美〕巫鸿著，李清泉等译：《中国古代艺术与建筑中的"纪念碑性"》，上海人民出版社，2009 年，第 99 页。此处还可以参考米歇尔·福柯（Michel Foucault）的观点，他认为人们只从时间面向探讨历史，忽略了长久以来历史政治的根本是空间的问题。从最外表的建筑物或都市规划来看，这些空间配置当然涉及政治或经济利益的权力运作；更重要的是，权力也透过知识或论述的形式加以转述，也就是透过区域、领域、疆域等空间规划配置的观念来呈现，这类政治-策略性的词语，正表示了军事与行政是如何将它们的力量刻印在物质土地上与各种形式的论述中。参考 Michel Foucault, Question on Geography. In Colin Gordon, ed. Power/Knowledge: Selected Interviews and Other Writings, 1972 – 1977. New York: Pantheon, 1980.

　　② 《文选》卷一一《景福殿赋》，第 522～542 页。

　　③ 神的力量往往与天空联系，而人类往往与地面联系在一起。关于人和神相遇的故事通常都发生在山顶这个中间地带。神圣与海拔的联系甚至引导处于平原景观的文化去构建人工山，如雅典卫城、金字塔。参考〔美〕丹尼斯·科斯坦佐（Denise Costanzo）著，吉志伟、杨镐译：《建筑的意义：开启思想与设计之门》，上海科学技术出版社，2017 年，第 19 页。

　　④ Fruitful Sites: Garden Culture in Ming Dynasty China. pp. 150 – 151.

这种登高体验与"赋"这种文体交织在了一起，"建安十五年，铜爵台成，曹操将诸子登楼，使各为赋。陈思王植援笔立就"之类的记载，以及王粲《登楼赋》等都表现出"登高作赋"成了此时文人生活中的重要组成部分。[①]《山居赋》正是在这种浪潮中浮现了出来。有所不同的是，汉赋一类的文章关注点总在都城、宫观一类辉煌的大型建筑群上，而谢灵运则把关注点转向了清新的山居自然。[②]

---

① 关于"登高作赋"的演变过程，可参考李英：《论"登高能赋"》，载吴兆路等主编：《中国学研究》第十四辑，济南出版社，2011年，第42～46页。

② 冢本信也在《谢灵运の〈山居赋〉と山水诗》中对《山居赋》文体与表达作了细致的探讨，认为汉赋的第一要义是唱赞歌，在京都、郊祀、耕祭等大赋已经逐渐转向咏物等小赋的时候，谢灵运的《山居赋》则是假设成京都赋来写的，虽然他的大调不在京城，而是由京城到始宁，而后面向他的别墅。参考〔日〕冢本信也：《谢灵运の〈山居赋〉と山水诗》，《集刊东洋学》1991年第65号，第20～37页。以及宋红：《日韩谢灵运研究译文集》，广西师范大学出版社，2001年，第151～172页。"朱光潜认为：'赋偏重铺陈景物，把诗人的注意从内心变化引到自然界变化方面去。自赋的兴起，中国才有大规模的描写诗。'这里就涉及了一个很有趣的问题，魏晋南北朝时期，在赋与诗二者的相互影响、相互作用的关系中，前者一直占据较为主动的地位。就创作题材而言，除本文所论山水诗是在山水游览赋的影响下发展起来的一事物外，赋的'体物'性质与魏晋间大量涌现出的咏物赋，最终影响到后来的宫体诗中派生出了咏物诗。就写作手法和风格特点来说，赋的藻饰与骈化倾向直接影响了诗歌的骈俪化，使诗歌走向'永明体'乃至近体。因此笔者以为，山水游览赋在谢灵运一生的创作道路上所具有的重要性，可能要超过我们此前所能意识到的程度。"见李雁：《论谢灵运和山水游览赋的关系——以〈山居赋〉为中心》，《文史哲》2000年第2期。郑毓瑜在《归返的回音——地理论述与家国想象》中提出，汉晋辞赋对山水园林与世族领域多有类似夸写苑囿的文字，这种宏大气势让人有一种仿佛亲临当日成城治世的美好联想。谢灵运的《撰征赋》就是怀远思旧，见证东晋谢氏家族权势与风范源远流长的典型例子。而《山居赋》在这层含义上，还多了一层宣扬高卧名山的"祖德"的含义，于是始宁庄园不只是故乡的一片土地而已，而是对于"道"的追求与体验，于是这里成为谢氏世代向往的安居乐园。通过自我的建构，谢灵运的庄园足以与帝王的苑囿相抗衡，如此庞大的资产也的确透露出政治、经济上的优势。见郑毓瑜：《性别与家园——汉晋辞赋的楚骚论述》，三联书店，2006年，第56～113页。

始宁山居的主体包括南、北二居，作为庄园的核心部分的南居，谢灵运的《山居赋》记载道：

若迤南北两居，水通陆阻。观风瞻云，方知厥所。（自注：两居，谓南北两处各有居止。峰崿阻绝，水道通耳。观风瞻云，然后方知其所。）南山则夹渠二田，周岭三苑。九泉别涧，五谷异巘，群峰参差出其间，连岫复陆成其坂。众流溉灌以环近，诸坻拥抑以接远。远堤兼陌，近流开湍。凌阜泛波，水往步还。还回往匝，枉渚员峦。呈美表趣，胡可胜阜。抗北顶以葺馆，瞰南峰以启轩。罗曾崖于户里，列镜澜于窗前。因丹霞以頳福，附碧云以翠椽。视奔星之俯驰，顾□□之未牵。鶢鸿翻鸶而莫及，何但燕雀之翩鹦。沈泉傍出，潺湲于东檐；柴壁对峙，碐磳于西雷。修竹葳蕤以翳荟，灌木森沉以蒙茂。萝曼延以攀援，花芬熏而媚秀。日月投光于柯间，风露披清于崖岫。夏凉寒燠，随时取适。阶基回互，橑桭乘隔。此焉卜寝，玩水弄石。遂即回眺，终岁周致。伤美物之遂化，怨浮龄之如借。眇遁逸于人群，长寄心于云霓。①

这里展示了一种自下而上的空间勾勒手法，从底层的河流水系到中层的山体楼馆，再至上层的碧云丹霞。在始宁山居的描述中并未见到"台"的记载，丘陵地区的这种上升的视角所凭借的地理支撑来源于谢灵运"抗北顶以葺馆，瞰南峰以启轩"的营造成果，随着视线的上升，谢客得以"眇遁逸于人群，长寄心于云霓"，远离俗世杂乱，栖心于云霓。

---

① 《谢灵运集校注》，第318～345页。

我们既已明白《山居赋》状写景物是一种站在高处的俯瞰，自然会发现这种视角着重强调的是浑厚气势的抒发，很难捕捉细腻的观察。相应地，文章展现的就不是对景物作高分辨率的细节描述，而是对这个区域世界的轮廓勾勒，以及对其景物单元的组成进行富有层次的列举，于是就出现了"自园之田，自田之湖……水草则……其竹则……其木则……鱼则……鸟则……"之类的描写。

当然，谢灵运除了写赋之外，还留下了不少山水诗。这种登临的视角也频频出现，例如《登永嘉绿嶂山》记曰：

裹粮杖轻策，怀迟上幽室。行源径转远，距陆情未毕。澹潋结寒姿，团栾润霜质。涧委水屡迷，林迴岩逾密。眷西谓初月，顾东疑落日。践夕奄昏曙，蔽翳皆周悉。《蛊》上贵不事，《履》二美贞吉。幽人常坦步，高尚邈难匹。颐阿竟何端，寂寂寄抱一。恬如既已交，缮性自此出。①

"行源径转远"指的是循着山涧而行，上溯其源，慢慢走远。"距陆情未毕"中的"陆"指的是高平地。② 所以谢灵运应该是攀登到了山上一片高平丰正的土地；"情未毕"者，则当是说他登山的情趣尚犹未尽。"毕"在此有应毕未毕之意，说明这种平台本应是登高的一个终点。③ 参考《宋书》记载："（谢灵运）出为永嘉太守。郡有名山水，灵运素所爱好，出守既不得志，遂肆

① 《谢灵运集校注》，第 56～58 页。
② 《说文解字注》卷一四《自部》，第 731 页。
③ 〔加〕叶嘉莹：《从元遗山论诗绝句谈谢灵运与柳宗元的诗与人》，载〔加〕叶嘉莹：《迦陵论诗丛稿》，北京大学出版社，2008 年，第 222～254 页。

意游遨，偏历诸县，动踰旬朔，民间听讼，不复关怀。所至辄为诗咏，以致其意焉。""寻山陟岭，必造幽峻，岩嶂千重，莫不备尽。"① 所以，诗中的高平之处更像是谢灵运寻山陟岭的终极目标，他在抵达这个目的地之前对周围景物几乎是没有关怀。而只有当他到了一个制高点，且不可能再向上攀登时，自觉兴致并未宣泄完毕，这才将兴致倾泻在四周的景物上，并按照惯例最终收于玄言。这种逐步上升再俯而下瞰的观景模式同样也是南居自下而上视角位移的背景。这类观景模式还可见于《于南山往北山经湖中瞻眺》《游岭门山》《登池上楼》《东山望海》《登江中孤屿》《登石门最高岭》《登狐山》等诗文当中。②

谢灵运对待山水的态度，在《山居赋》中已经可以明见：

山作水役，不以一牧。资待各徒，随节竞逐。陟岭刊木，除榛伐竹。抽笋自篁，摘箬于谷。杨胜所拮，秋冬蓾荻。野有蔓草，猎涉蔓藟。亦酝山清，介尔景福。苦以术成，甘以擂熟。慕椹高林，剥芰岩椒。掘茜蒨阳崖，摘撷阴摽。昼见寋茅，宵见索绚。芰菰翦蒲，以荐以茇。既垼既埏，品收不一。其灰其炭，咸各有律。六月采蜜，八月朴栗。备物为繁，略载靡悉。③

他将大自然放置在了自己的对立面，山水对他来说是需要去征服、索取的对象。所以谢灵运对山水"开发"的意图很明显，游山玩水的方式也很粗暴，《宋书》记载："自始宁南山伐木开

① 《宋书》卷六七《谢灵运传》，第 1753~1754、1775 页。
② 《谢灵运集校注》，第 118~120、59~61、63~66、66~68、83~85、178~180、202~203 页。
③ 《谢灵运集校注》，第 318~345 页。

迤，直至临海，从者数百人"，以致百姓惊扰，太守以为山贼。①
他在最终登临一个视角良好的高处之后，再如数家珍般地展现，
或者可以说炫耀，自己眼下的自然之物。因此，这种居高临下的
视角和与对象之间保持的距离，致使谢灵运对景物的描写多是用
较为客观的笔法来概括，很少会有情景交融的感动，不免受到后
世的批评。②

　　他这种对待自然的态度还表现在他扩充庄园规模的努力上。
事实上，谢灵运四处游玩的行为也很难说没有带着侵占土地、扩
充庄园的经济目的，他认为："若少私寡欲，充命则足。但非田
无以立耳。"③他对"私田"的扩充欲，可见一斑。于是才有了
他"凿山浚湖，功役无已"，以及求决回踵湖、岯嵲湖为田，与
太守孟顗产生矛盾，以至最终引火自焚的记载。④

---

　　① 《宋书》卷六七《谢灵运传》，第 1775 页。
　　② 谢灵运写景物完全是以客观的笔法刻画其形貌，虽然写得历历如在目前，却
很少予人情景相生的直接感动……谢氏对于山水之追求，既未能使精神与大自然泯
合为一，达到忘我的境界；对于哲理的追求，也未能使之与生活相结合，做到修养
的实践。因此他的诗乃极力刻画山水的形貌，又重复申述哲理的空言，便正因为这
一切都只不过是他在烦乱寂寞之心情中，想要自求慰解的一种徒然努力而已。见
《从元遗山论诗绝句谈谢灵运与柳宗元的诗与人》，载《迦陵论诗丛稿》，第 222～254
页。在谢诗中，对山水美的追求与欣赏有时呈现为一种纵情极欲的人生观。谢灵运
赏爱山水，有时代精神的感召与本性流露的因素，这使他在心理上有意识地追求新
奇幽峻的外物景观，如"怀杂（新）道转回，寻异景不延"；同时，贵族地位又为诗
人把心理上的审美取向化为实际行动提供了便利……谢灵运不可能完全融入外景，
把自然山水当作平等的可以进行心智交流的对象来对待，而是凌驾于山水之上，驱
役它为我所用。表现在作品中，他的大部分诗歌并没有达到物我交融的境界，诗人
总是作为与自然相对立的欣赏者与观察者而出现。见马晓坤、李小荣：《"赏心"
说：谢灵运的山水审美》，《文史知识》2000 年第 5 期。
　　③ 《谢灵运集校注》，第 318～345 页。
　　④ 《宋书》卷六七《谢灵运传》，第 1775～1776 页。

　　始宁庄园是此时世族大庄园群中的一例，从前所引石崇、王敬弘、孔灵符、徐勉的庄园记载中可以看到，此时的庄园值得夸耀的大都是登临的便利。"高和低"作为垂直轴的两极在大部分语言体系中都有相同的意义，"卓越""优秀"等词语皆属于高的范畴，包括了对自然高度的感觉。段义孚认为任何重要的建筑物只要技术上许可都向高空发展，私人住宅也不例外。上层不仅拥有较多的置业，他们的房子往往还富于较高可眺望的空间，身份地位由卓越区位来表示，当每次凭窗远眺，贫穷的世界都在脚下，以显示自己的财富和权力，超越不群。这样的便利鼓励了自我为中心的中央高位置成为声望的象征。世界各地的人民都倾向把自己的乡土作为中央地方或世界中心。① 不过，这种建筑也存在着明显的缺陷：居屋的上层在实用问题上常有不便的影响，让高层使用它的人们与地面失去联系，与外界产生的对话更少。

　　同时期的田园诗人陶渊明的住宅，目前认为有三处：上京（里）闲居，这里有东窗，窗外有林园，称作东园，园内有孤松，有菊，有东篱等；园田居（古田舍），僻处南野，坐落在一个穷巷内，有草屋八九间，绕屋树木茂盛，宅前有水塘，即"孟夏草木长，绕屋树扶疏""穷巷隔深辙，颇回故人车"；以及南里（南村）。② 相较谢灵运的始宁庄园含带二山的情况，占山、买山、

---

　　① 〔美〕段义孚著，潘桂成译：《经验透视中的空间与地方》，台湾省"国立"编译馆，1998年，第34～35页。

　　② 《陶渊明集》附录《陶渊明事迹诗文系年》，第206～207页。

筑假山对寒门出身的陶渊明来说，都不太可能。① 这三处居所显然规模小且简陋得多，这就限制了陶渊明"俯瞰"自己庄园的观景视角。

事实上，陶渊明也的确习惯平视，例如《归园田居五首（其四）》："久去山泽游，浪莽林野娱。试携子侄辈，披榛步荒墟。徘徊丘垄间，依依昔人居。井灶有遗处，桑竹残朽株。"② 以及《归园田居五首（其五）》："怅恨独策还，崎岖历榛曲。山涧清且浅，遇以濯吾足。"③《酬刘柴桑》又说："榈庭多落叶，慨然知已秋。新葵郁北墉，嘉穟养南畴。"④ 他也时常会抬头、低头，例如《游斜川》曰："辛酉正月五日……与二三邻曲，同游斜川。临长流，望曾城，鲂鲤跃鳞于将夕，水鸥乘和以翻飞。彼南阜者，名实旧矣，不复乃为嗟叹。若夫曾城，傍无依接，独秀中皋，遥想灵山，有爱嘉名。……气和天惟澄，班坐依远流。弱湍驰文鲂，闲谷矫鸣鸥。迥泽散游目，缅然睇曾丘。虽微九重秀，顾瞻无匹俦。"⑤ 以及《诸人共游周家墓柏下》记："今日天气佳，清吹与鸣弹。感彼柏下人，安得不为欢。清歌散新声，绿酒

---

① "牙为道子开东第，筑山穿池，列树竹木，功用钜万……帝尝幸其宅，谓道子曰：'府内有山，因得游瞩，甚善也。然修饰太过，非示天下以俭。'道子无以对，唯唯而已，左右侍臣莫敢有言。帝还宫，道子谓牙曰：'上若知山是版筑所作，尔必死矣。'"见《晋书》卷六四《会稽文孝王道子传》，第 1734 页。可见筑土为山在当时应该与建台一样，属于过分奢侈的行为。而陶渊明的贫穷在《与子俨等疏》中表现得比较明显，"僶俛辞世，使汝等幼而饥寒……汝辈稚小家贫，每役柴水之劳，何时可免？"见《陶渊明集》卷七《与子俨等疏》，第 187～192 页。

② 《陶渊明集》卷二《归园田居五首（其四）》，第 42 页。

③ 《陶渊明集》卷二《归园田居五首（其五）》，第 43 页。

④ 《陶渊明集》卷二《酬刘柴桑》，第 59 页。

⑤ 《陶渊明集》卷二《游斜川》，第 44 页。

开芳颜。未知明日事，余襟良已殚。"①

陶渊明也登高，但是这种视线既不是为了俯瞰脚下景物，也很少看到与谢灵运诗文相近的气势，如《于王抚军座送客》："秋日凄且厉，百卉具已腓。爰以履霜节，登高饯将归。寒气冒山泽，游云倏无依。洲渚四缅邈，风水互乖违。瞻夕欣良宴，离言聿云悲。晨鸟暮来还，悬车敛余晖。逝止判殊路，旋驾怅迟迟。目送回舟远，情随万化遗。"②《移居二首（其二）》："春秋多佳日，登高赋新诗。过门更相呼，有酒斟酌之。农务各自归，闲暇辄相思；相思则披衣，言笑无厌时。此理将不胜，无为忽去兹。衣食当须纪，力耕不吾欺。"③ 以及《乙巳岁三月为建威参军使都经钱溪》："我不践斯境，岁月好已积。晨夕看山川，事事悉如昔。微雨洗高林，清飙矫云翮。眷彼品物存，义风都未隔。伊余何为者，勉励从兹役？一形似有制，素襟（素心）不可易。园田日梦想，安得久离析。终怀在壑舟，谅哉宜霜柏。"④

陶渊明不像谢灵运那般在攀登过程中对周围景物视而不见，也不如后者那般怀有强烈的征服制高点的目的性。他选择的是随遇而安的游历，把自己置于大自然之中，与自然交融。陶渊明是以温厚的心情，来对待眼中的一草一木的。在诗人的脑海里，自然的组成就不再是被随意摆放的元素，也不需要全

① 《陶渊明集》卷二《诸人共游周家墓柏下》，第49页。
② 《陶渊明集》卷二《于王抚军座送客》，第62页。
③ 《陶渊明集》卷二《移居二首（其二）》，第57页。
④ 《陶渊明集》卷三《乙巳岁三月为建威参军使都经钱溪》，第79~80页。

部展现出来。而是随着主体感情需要时,如遥想的"曾城"般以"不期而遇"的方式浮现出来,突显主体的情感。因此,陶渊明用的并非谢灵运式的全景观览,而是流动的视野,不论是"采菊东篱下,悠然见南山"①,还是"迥泽散游目,缅然睇曾丘"②,或者是"流目视西园,晔晔荣紫葵。于今甚可爱,奈何当复衰"③ 等篇,均表现了另一种不同的由内而外的自然观。

如上帝般站在高位视角俯览世界是一件较易做到的事情,但要在水平情况下去透视其他环境中的事物则稍显困难,斜视的景观比直视的景观更难诠释,这种透视全程就是一项连续的活动。垂直俯视如航照一般,了解到的是"景物的静态空间分布关系",这种静态分布图鼓励了想象力较差的以自我为中心的图片。地图或航照提供的是一个客观的观点,客观的观点不鼓励动作,尤其不鼓励突然而来和自导自演般的情绪化激进动作。④ 相较谢灵运静态的图片化景观,陶渊明呈现的是动态的心理化的地理景观,至小的景物也投射了陶氏的想象世界。所以,陶渊明的宇宙观并不小,恰恰相反的是他的世界很宏大,这里面包含着宇宙万物——"善万物之得时,感吾生之行休"⑤,这与谈玄的时代背

① 《陶渊明集》卷三《饮酒二十首(其六)》,第89页。
② 《陶渊明集》卷二《游斜川》,第44页。
③ 《陶渊明集》卷二《和胡西曹示顾贼曹》,第68页。
④ 《经验透视中的空间与地方》,第24~25页。
⑤ 《陶渊明集》卷五《归去来兮辞》,第159~163页。

景是分不开的。① 王羲之在《兰亭集序》中写下了"仰观宇宙之大，俯察品类之盛，所以游目骋怀，足以极视听之娱，信可乐也"，此时王羲之胸怀着整个宇宙。② 正是在这种时代风气的簇拥下，才出现了宗白华所说的"晋人向外发现了自然，向内发现了自己的深情"③。

一般认为，六朝山水诗的出现是政治黑暗的压力下，士人应对现实而实施的一种"反动"举措。④ 士人就俗世受阻有不同的方式来应对。综上可知，谢灵运的方式类似于"吸纳"，通过磅

---

① 小尾郊一认为山水诗一般是由贵族阶级的趣味产生的。谢灵运"因父祖之资，生业甚厚，奴僮既厚"。陶渊明不曾隐遁山水，以山水美为乐虽说是他的性格使然，但也是因为生活不够富裕之故。同样地，虽说他也渴望隐栖，却不得不为了生活而回到生活之基的田园。这样，他的诗才开始歌咏起这种田园生活来。斯波六郎认为陶渊明的诗是"把自己的生活本身作为诗来观照的生活文学"。不过，陶渊明"返自然"的想法也好，谢灵运"爱好山水"的想法也好，实际上都是植根于老庄思想和隐遁思想，受当时时代思潮影响的想法。就这种意义而言，两人的想法是立足于同一基础上的。参考〔日〕小尾郊一著，邵毅平译：《中国文学中所表现的自然与自然观——以魏晋南北朝文学为中心》，上海古籍出版社，2014 年，第 106～107 页。
② 〔晋〕王羲之《兰亭集序》，载《全上古三代秦汉三国六朝文·全晋文》卷二六《三月三日兰亭诗序》，第 1609 页。小尾郊一认为，兰亭的诗人是为了散怀而选择山水的，他们的散怀表现为游乐。不过当他们在美丽的山水中不停地游玩时，心灵便会不知不觉地受到山水美的触发，这种受到触发的心灵，开始转向吟咏山水，这样就出现了吟咏自然的写景诗。"庄老告退而山水方滋"所说的庄老是同时存在的。虽说在兰亭诗中说前者重、后者轻，但不久之后（谢灵运之后）就变得前者轻而后者重了。参考《中国文学中所表现的自然与自然观——以魏晋南北朝文学为中心》，第 103～104 页。谢灵运的《山居赋》展示的也是《易经》中的宇宙观，参考〔美〕田菱（Wendy Swatz）著，李馥名译：《风景阅读与书写：谢灵运的〈易经〉运用》，载刘苑如主编：《体现自然：意象与文化实践》，台湾省"中央"研究院中国文哲研究所，2012 年，第 147～174 页。
③ 宗白华：《论〈世说新语〉和晋人的美》，《学灯》1941 年第 126 期；《美学散步》，第 208～230 页。
④ 关于艺术抚慰人的心灵之类的论证，可以参考赵毅衡：《礼教下延之后——中国文化批判诸问题》，上海文艺出版社，2001 年。

礴的气势冲击眼球，再抵达于心，是一种由外而内的途径。但是这种冲击造成的效应是一时的，要想延长这种效果，就需要频繁地远游寻奇，谢灵运也的确是这样做的。相对而言，陶渊明选择的是骋怀（或者可以说游心①），他无意去捕捉全景式的视觉冲击，而是敞开心胸，不局限也不拘泥，自然万物之美以偶遇而非主动捕捉的方式映入眼帘，这使他诗中不断出现"遇""见"之类的字眼，他本人也不再享受由眼抵达于心的冲击，而是心眼一体。②

所以，陶渊明对待山水田园，只需要闲居与神游，"闲"成了陶渊明诗文中的高频词③，这种"闲"可用以区别农樵，我们在后文中还会提到。此外，闲也能唤起人的愉悦感。西村富美子认为"闲"是置身于从公务中解脱出来的状态，在闲的状态中能够体会到自足的愉快感觉。④ 朱光潜则说："你只要有闲工夫，竹韵、松

---

① "贤圣留余迹，事事在中都。岂忘游心目，关河不可踰。"见《陶渊明集》卷二《赠羊长史》，第 65 页。

② "谢所以不及陶者，康乐之诗精工，渊明之诗质而自然耳。""建安之作全在气象，不可寻枝摘叶。灵运之诗已是彻首尾成对句矣，是以不及建安也。"见[宋]严羽：《沧浪诗话》，中华书局，1985 年，第 34～35 页。刘大杰认为陶渊明的自然描写不只是对风景的描写，还具有反抗现实的深厚的思想内容，不是客观的写实，而是主观的写意。所以他对于山水风景从没有深刻细致的描写，只有意象的反映，因为他整个的人生与自然界完全融为一体，故达到这个最高的境界。见刘大杰：《中国文学发展史》上卷，古典文学出版社，1957 年，第 294 页。

③ 例如，"闲居非陈厄"，见《陶渊明集》卷四《咏贫士七首（其二）》，第 123 页；《陶渊明集》卷五《闲情赋》，第 152～156 页；"闲居三十载，遂与尘事冥。诗书敦宿好，林园无世情。如何舍此去，遥遥至南荆！叩枻新秋月，临流别友生。凉风起将夕，夜景湛虚明；昭昭天宇阔，晶晶川上平。怀役不遑寐，中宵尚孤征。商歌非吾事，依依在耦耕。投冠旋旧墟，不为好爵萦。养真衡茅下，庶以善自名"，见《陶渊明集》卷三《辛丑岁七月赴假还江陵夜行涂口》，第 74～75 页。

④ 转引自《终南山的变容：中唐文学论集》，第 243 页。另外还可参考〔日〕西村富美子：《论白居易的"闲居"——以洛阳履道里为主》，《唐代文学研究》1992 年第 00 期。

涛、虫声、鸟语、无垠的沙漠、飘忽的雷电风雨，甚至于断垣破屋，本来呆板的静物，都变成赏心悦目的对象。"[①] 这强调的是审美主体自身的文化修养与心灵境界。

此外，需要补充的是，谢灵运和陶渊明诗文中山水自然元素的比例也不尽相同。谢灵运的诗赋对待山水二元往往以山为主。[②] 相较而言，陶渊明的诗中却常出现"山泽"连用，例如"山泽久见招""久去山泽游，浪莽林野娱"等。[③] 水体占有相当的比重。这种差异与他们的视角和气概都是有关联的。

虽说谢灵运和陶渊明的审美方式大不相同，但是正如杨儒宾所说，此二人同为中国"山水"诗文最伟大的代表人物，他们的山水观为后世诗文、绘画传统等提供了母型。[④]

---

① 朱光潜：《文艺心理学》，复旦大学出版社，1978 年，第 60 页。

② 李雁认为谢灵运山水游览赋多以山为描写的主要对象。《岭表赋》《罗浮山赋》《山居赋》自不必说，即使《归途赋》写走水路，却多观山景，如"乘潮傍山……停余舟而淹留，搜缤云之遗迹。漾百里之清潭，见千仞之孤石"可谓山水兼顾。明确写水的只有《长溪赋》一篇。"长溪"本作"长豁"。见李雁：《论谢灵运和山水游览赋的关系——以〈山居赋〉为中心》，《文史哲》2000 年第 2 期。对于谢灵运的诗歌，小尾郊一提出了一个非常有趣的观点，他认为谢灵运对待自然的方式是绘画性的。见《中国文学中所表现的自然与自然观——以魏晋南北朝文学为中心》，第 27 页。的确，中国的传统文化也一直都视山为山水画的重心。（2015 年 10 月 19 日，巫鸿在复旦大学文史研究院举办的名为"全球景观中的中国古代艺术"系列讲座之"山水：人文的风景"中对此作了介绍说明。）

③ 《陶渊明集》卷二《和刘柴桑》，第 57 页；《陶渊明集》卷二《归园田居五首（其四）》，第 42 页。

④ 杨儒宾：《"山水"是怎么发现的——"玄化山水"析论》，《台大中文学报》2009 年第 30 期。班宗华认为园林哲学始于陶潜，见 Peach Blossom Spring. pp. 13.

第三节 壮美还是优美？

中国美学史上也有两种大不相同的美感类型，即壮美与优美。明末清初时，魏禧在《文潊叙》中提出：

水生于天而流于地，风发于地而行于天。生于天而流于地者，阳下济而阴受之也；发于地而行于天者，阴上升而阳畜之也。阴阳互乘，有交错之义，故其遭也而文生焉。故曰："风水相遭而成文。"然其势有强弱，故其遭有轻重而文有大小。洪波巨浪山立而汹涌者，遭之重者也；沦涟漪潊皴蹙而密理者，遭之轻者也。重者人惊而快之，发豪士之气，有鞭笞四海之心；轻者人乐而玩之，有遗世自得之慕，要为阴阳自然之动。天地之至文，不可以偏废也。[①]

魏禧用传统的阴阳交感论来解释人的美感形成。并且提出了"洪波巨浪山立而汹涌者，遭之重者"，使人"惊而快之，发豪士之气，有鞭笞四海之心"，此即为壮美；以及"沦涟漪潊皴蹙而密理者，遭之轻者"，使人"乐而玩之，有遗世自得之慕"，此即为优美。阴阳交感的观点显然否定了优美与壮美之间的绝对隔离，于是魏禧接着写道：

然吾尝泛大江，往返十余适，当其解维鼓枻、轻风扬波、细潊微澜、如抽如织，乐而玩之，几忘其有身。及夫天风怒号，帆

---

① ［清］魏禧：《魏叔子文集》外篇卷一〇《文潊叙》，中华书局，2003 年，第540～541 页。

不得辄下，楫不得暂止，水仄舟立，舟中皆无人色，而吾方倚舷而望，且怖且快，揽其奇险雄莽之状，以自状其志气。①

魏禧尝试举自己泛舟江上的例子来论述壮美与优美之间的切换，并且指出壮美之情是人在惊怖的状态下油然而生的一种不同寻常的快意。

对优美、壮美两种美感的论述更为著名的当是王国维的观点，他在《红楼梦评论》中对壮美与优美作了细致的论述：

美之为物有二种，一曰优美，一曰壮美。苟一物焉，与吾人无利害之关系，而吾人之观之，也不观其关系，而但观其物，或吾人之心中无丝毫生活之欲存，而其观物也，不视为与我有关系之物，而但视为外物，则今之所观者，非昔之所观者也。此时吾心宁静之状态，名之曰优美之情，而谓此物曰优美。若此物大不利于吾人，而吾人生活之意志为之破裂，因之意志遁去，而知力得为独立之作用，以深观其物，吾人谓此物曰壮美，而谓此感情曰壮美之情。②

王国维继承了叔本华的意志说，认为审美主体在观物之际，充斥在主客体之间的是主体的意志。审美主体在遭逢不同类型的审美客体时，会发生不同类型的相互作用，继而对审美主体的意志产生不同程度的影响，于是就出现了相异的审美情感。

---

① 《魏叔子文集》外篇卷一〇《文瀫叙》，第540～541页。

② 王国维：《静庵文集·红楼梦评论》，续修四库全书本，上海古籍出版社，2002年，第33～37页。此外，王国维认为："美之中又有优美与壮美之别。今有一物，令人忘利害之关系，而玩之不厌者，谓之曰优美之感情。若其物直接不利于吾人之意志，而意志为之破裂，唯由知识冥想其理念者，谓之曰壮美之感情。"见《静庵文集·叔本华之哲学及其教育学说》，第23～24页。

并且，他在《人间词话》中还用优美、壮美两种美感来解释古诗词的境界：

有有我之境，有无我之境也。"泪眼问花花不语，乱红飞过秋千去。""可堪孤馆闭春寒，杜鹃声里斜阳暮。"有我之境也。"采菊东篱下，悠然见南山。""寒波淡淡起，白鸟悠悠下。"无我之境也。有我之境，以我观我，故物我皆着我之色彩。无我之境，以物写物，故不知何者为我，何者为物。古人为词，写有我之境者多，然未始不能写无我之境，此在豪杰之士能自树立焉。①

无我之境，人惟于静中得之；有我之境，于由动之静时得之。故一优美，一宏壮。②

简而言之，壮美之情是由于客体对主体的强力冲击，让主体从躁动不安的状态中离析出来的超离了琐细平庸常态后的一种平静状态，主体借此超脱了作为个体的存在与欲望，抵达了一种前所未有的豪壮境界，这种美感在《世说新语》中也有相关论述："郭景纯诗云：'林无静树，川无停留。'阮孚云：'泓峥萧瑟，实不可言。每读此文，辄觉神超形越。'"③ 而优美之情，则多是品德修养较高之主体在内心平和、宁静状态下得之，排除掉了人与物之间的利害关系，不知何物为我，也不知何物为物，继而做到了物我两忘。这两种美感既来源于客体对主体的刺激，也与审美

① 王国维著，周锡山编校注评：《人间词话汇编汇校汇评》，上海：三联书店，2013年，第19页。
② 《人间词话汇编汇校汇评》，第32页。
③ 《世说新语校笺》卷上《文学》，第140页。

主体的个人品性相关联，故王国维说："写有我之境者多，然未始不能写无我之境。"

按照叔本华和王国维的解释模式，无我之境，因为是在外力影响较小的情况下，主要依恃的是审美主体的意志，故难于一见。相较而言，"雄伟的自然景观不需要文学会议的研讨，他们本身就以壮观的景色替自己做广告，文艺著作能把人们关心而不显眼的地方加以照明"①。因此，陶渊明的"采菊东篱下，悠然见南山"是优美之情的溢现。而谢灵运"寻山陟岭，必造幽峻，岩嶂千重，莫不备尽"更多追求的则是壮美之景色，在他临下的视角里，始宁山居的园林主体部分也明显透露着磅礴的气势。②

谢灵运有"溟涨无端倪，虚舟有超越"③，沈约也有"溟涨无端倪，山岛互崇崒"④，这种境界和胸襟在贵族文化主导的时代，成了一种很普遍的现象。《世说新语》记载："荀中郎在京口，登北固望海云：'虽未睹三山，便自使人有凌云意。'"⑤ "顾长康从会稽还，人问山川之美，顾云：'千岩竞秀，万壑争流，草木蒙笼其上，若云兴霞蔚。'"⑥ 从这些记载可管窥当时人心中

① 《经验透视中的空间与地方》，第 156 页。
② 唐详麟认为："中国庭园注重境界，但境界是不可见的精神因素，须靠庭园元素的组成和园路的规划这些实质因素布局作媒体，才能表现出来。因此布局和境界是一体的两面，互相轮回，互相隐现，有不可分的关系。"见唐详麟：《中国庭园之研论》，成功大学学位论文，1972 年。
③ 《谢灵运集校注》，第 78～80 页。
④ ［南朝梁］沈约著，陈庆元校笺：《沈约集校笺》卷九《临碣石》，浙江古籍出版社，1995 年，第 318～319 页。
⑤ 《世说新语校笺》卷上《言语》，第 74～75 页。
⑥ 《世说新语校笺》卷上《言语》，第 81 页。

的山水美感。同书引《吴兴记》云："于潜县东七十里，有印渚，渚傍有白石山，峻壁四十丈，印渚盖众溪之下流也。印渚已上至县，悉石濑恶道，不可行船；印渚已下，水道无险，故行旅集焉。"可见当时行旅偏爱的也是壮阔奇景，因为这样的景色"非唯使人情开涤，亦觉日月清朗"①。同书还记有一段与魏禧相似的经历："谢太傅盘桓东山时，与孙兴公诸人汎海戏。风起浪涌，孙、王诸人色并遽，便唱使还。太傅神情方王，吟啸不言。舟人以公貌闲意说，犹去不止。既风转急，浪猛，诸人皆諠动不坐。公徐云：'如此将无归？'众人即承响而回。于是审其量，足以镇安朝野。"② 谢安遇海浪而处变不惊的胆识被认可且推崇，进而被推论可以"镇安朝野"。

这类山水的观念，在品评人物时，甚至还用以标举风仪，如："王武子、孙子荆各言其土地人物之美。王云：'其地坦而平，其水淡而清，其人廉且贞。'孙云：'其山崔巍以嵯峨，其水㳽渫而扬波，其人磊砢而英多。'"③ "嵇康身长七尺八寸，风姿特秀。见者叹曰：'萧萧肃肃，爽朗清举。'或云：'肃肃如松下风，高而徐引。'山公曰：'嵇叔夜之为人也，岩岩若孤松之独立；其醉也，傀俄若玉山之将崩。'"④

甚至，梁武帝萧衍在品评历代书法时也用到了壮景，"钟繇书如云鹄游天，群鸿戏海，行间茂密，实亦难过。王羲之书字势

① 《世说新语校笺》卷上《言语》，第 77 页。
② 《世说新语校笺》卷中《雅量》，第 206 页。
③ 《世说新语校笺》卷上《言语》，第 47 页。
④ 《世说新语校笺》卷下《容止》，第 335 页。

雄逸，如龙跳天门，虎卧凤阙，故历代宝之，永以为训。蔡邕书骨气洞达，爽爽如有神力。韦诞书如龙威虎振，剑拔弩张。张芝书如汉武爱道，任虚欲仙。萧子云书如危峰阻日，孤松一枝，荆轲负剑，壮士弯弓，雄人猎虎，心胸猛烈，锋刃难当"①。

正如宗白华所说，此时的美之极是雄强之极。② 所以，这个时代常见的山水描绘也多壮美景色。稍晚于谢灵运的江淹，即便宣称所爱的是"两株树、十茎草之间耳"的庄园，也是在追求"前峻山以蔽日，后幽晦而多阻"③ 的美感。寻奇探险以获得壮美情怀的山水审美态度也被延续了下去，这就是王士祯所梳理出来的脉络，即"宋齐以下，率以康乐为宗。至唐王摩诘、孟浩然、杜子美、韩退之、皮日休、陆龟蒙之流，正变互出，而山水之奇怪灵闷、刻露殆尽；若其滥觞于康乐，则一而已矣"④。相较而言，陶渊明的视角与审美观在当时只能算小众，直到唐代，尤其是中唐以后，才逐渐汇聚成为洪流。⑤

---

① ［南朝梁］萧衍：《古今书人优劣评》，载黄简：《历代书法论文选》，上海书画出版社，1979 年，第 81～83 页。

② 宗白华：《论〈世说新语〉和晋人的美》，《学灯》1941 年第 126 期；《美学散步》，第 208～230 页。

③ ［南朝梁］江淹著，［明］胡之骥注：《江文通集汇注》卷五《草木颂十五首（并序）》，中华书局，1984 年，第 190～191 页。

④ 《带经堂诗话》卷五《绪论类》，第 115～116 页。

⑤ 这个情况还可以参考《文选》的选录情况，萧统收录了谢灵运大多数的山水诗赋，但是陶渊明的诗文却收入较少，且并不以山水诗为主，如杂诗类的《咏贫士诗》《读山海经诗》；挽歌类的《挽歌诗》；行旅类的《始作镇军参军经曲阿作》《辛丑岁七月赴假还江陵夜行涂口》；杂拟类的《拟古诗》；辞类的《归去来兮辞》。详见《文选》。

第二章　唐朝：文人园林的聚集

第一节　公主当年欲占春，
故将台榭压城闉

到了唐代，园林的分布出现了明显的密集化趋势。《画墁录》记载："唐京省入伏假，三日一开印，公卿近郭皆有园池。以至樊、杜数十里间，泉石占胜，布满川陆，至今基地尚在。省寺皆有山池，曲江各置船舫，以拟岁时游赏。"① 这些官员的园林大体分布在长安城近郭，以迄樊川杜曲，"布满川陆"。不仅如此，城内的官衙也多建有小园林。这种建园的盛况与游观的风气相匹配，《开元天宝遗事》有云："长安春时胜于游赏，园林树木无闲地。"② 又云："都人士女每至正月半后，各乘车跨马，供帐于园圃或郊野中，为探春之宴。"③

喜爱游赏的长安士女应该绝不止步于春季的"春游"和《画墁录》中提到的"伏期假"，唐代的休沐制度已经趋于稳定且完

① ［宋］张舜民：《画墁录》，上海古籍出版社，2012年，第70页。
② ［五代］王仁裕撰，曾贻芬点校：《开元天宝遗事》卷下《游盖飘青云》，中华书局，2006年，第44页。
③ 《开元天宝遗事》卷下《探春》，第56页。

善，官员的休假日很多。① 节日假期时出门游赏似乎成了风尚，除了《滕王阁序》中"十旬休暇，胜友如云"，还有关于玄宗时期的记载："是春（开元十八年），命侍臣及百僚每旬暇日寻胜地宴乐，仍赐钱，令所司供帐造食。"② 德宗朝也有记载："今方隅无事，烝庶小康，其正月晦日、三月三日、九月九日三节日，宜任文武百僚选胜地追赏为乐。"③ 可见这种宴集有时还能获得朝廷的财政补贴。此外，官员的办公时间也很宽松，"从唐代开始，官员习惯上是上午或上、下午在官署里，然后回家"④。于是，这些布满川陆的公私园林就为岁时游赏、工作闲暇提供了去处。

长安城里"省寺皆有山池"，虽然其中贵族官邸之类的山池园居多，但也分布着一些文人的园林，例如贺遂员外的药园。⑤

① 参考杨联陞：《帝制中国的作息时间表》，载杨联陞：《东汉的豪族》，商务印书馆，2011 年，第 78～100 页；赖瑞和：《论唐代官员的办公时间》，《中国史研究》2005 年第 4 期。

② [后晋] 刘昫等： 《旧唐书》卷八《玄宗纪上》，中华书局，1975 年，第 195 页。

③ 《旧唐书》卷一三《德宗纪下》，第 366 页。

④ 杨联陞：《国史探微》，联经出版事业公司，1983 年，第 65 页。此外，《中吴纪闻》卷一《白乐天》："白乐天为郡时，尝携容、满、蝉、能等十妓，夜游西武丘寺，尝赋纪游诗，其末云：'领郡时将久，游山数几何？一年十二度，非少亦非多。'可见当时郡政多暇，而吏议甚宽。使在今日，必以罪去矣。"见 [宋] 龚明之：《中吴纪闻》，上海古籍出版社，1986 年，第 6 页。

⑤ 在文献记载中，贺遂员外的药园并不存在明确的地理位置的信息。根据杨文生的考证，贺遂是户部员外郎贺遂陟，活动时间为开元中后期。见 [唐] 王维著，杨文生编著：《王维诗集笺注》，四川人民出版社，2003 年，第 450 页。那么，这个药园就应该在长安城附近。李华在诗中称此药园为"小山池"，而"小山池"在唐代常为城市园林的称呼。参考《中国古典园林史》，第 214 页。综上，该药园在长安城内的可能性就很大了，故在此将其作为城市园林来介绍。

王维为此还作有《春过贺遂员外药园》一诗："前年槿篱故，今作药栏成。香草为君子，名花是长卿。水穿盘石透，藤系古松生。画畏开厨走，来蒙倒屣迎。蔗浆菰米饭，蒟酱露葵羹。颇识灌园意，于陵不自轻。"①王维笔下的贺遂员外颇具隐士意味。而隐士的"隐"除了使用"槿篱""药栏"之类作为外围空间的隔离，还需要在空间内展现出高洁品德才行。在此，王维除了用芳草比德的传统写作手法外，还用了"灌园"的典故，该典故出自"孙叔敖三去相而不悔，于陵子仲辞三公为人灌园"②。后世文人频频用此互相、自相标榜。这一时期，除了前文所记潘岳"灌园鬻蔬，以供朝夕之膳"③之外，陶渊明也有"朝为灌园，夕偃蓬庐"④，以及王维的"床前磨镜客，林里灌园人"⑤，权德舆的"灌园输井税，学稼奉晨昏"⑥，还有柳宗元记长安城南的故园时说"悠悠故池水，空待灌园人"⑦，等等，都是这种用法。在这种反复涂抹堆砌的历史过程中，浇灌园圃这一劳作，被建构成了退隐家居之高士所具有的一个标准姿态，"偶然灌园兴，不是学于陵"⑧。"灌

---

①　《王维集校注》卷四《春过贺遂员外药园》，第346页。

②　《史记》卷八三《鲁仲连邹阳列传》，第2475页。

③　《晋书》卷五五《潘岳传》，第1505～1506页。

④　《陶渊明集》卷一《答庞参军》，第22页。

⑤　《王维集校注》卷五《郑果州相过》，第474页。

⑥　[唐]权德舆：《权德舆诗文集》卷一《暮春闲居示同志》，上海古籍出版社，2008年，第17页。

⑦　[唐]柳宗元：《柳河东集》卷四三《春怀故园》，上海人民出版社，1974年，第745页。柳宗元的这个故园指的是在长安城西南、渭水支流的沣川岸边的小庄园，"城西有数顷田，树果数百株，多先人手自封植，今已荒秽"。见[宋]欧阳修、[宋]宋祁：《新唐书》卷一六八《柳宗元传》，中华书局，1975年，第5135页。

⑧　[明]唐顺之：《荆川先生文集》卷一《村居二首》，四部丛刊本。

园"这类颇带自耕农色彩的隐士的姿态，无疑也反向性地延续、推动了文人园林中的农耕色彩。①

可以同王维之诗产生对照效应的，还有同时代的李华的《贺遂员外药园小山池记》一文：

> 悦名山大川，欲以安身崇德，而独往之士，勤劳千里，豪家之制，殚及百金，君子不为也。……庭除有砥砺之材，础蹶之璞，立而象之衡巫；堂下有舂锸之坳，圩塍之凹，陂而象之江湖。种竹艺药，以佐正性，华实相蔽，百有余品。凿井引汲，伏源出山，声闻池中，寻窦而发。泉跃波转而盈沼，支流脉散而满畦。一夫蹑轮，而三江逼户；十指攒石，而群山倚蹊。智与化侔，至人之用也。其间有书堂琴轩，置酒娱宾。卑痹而敞，若云天寻丈，而豁如江汉。以小观大，则天下之理尽矣，心目所自不忘乎！赋情遣辞，取兴兹境。当代文士，目为"诗园"。道在抑末敦元，可以扶教。②

李华在此记载了城市园林的小尺度的造景技巧，主要是以象征手法来比拟大自然的山川景色。有意思的是，此文似乎暗示了药园所在的地理位置并不具备先天形胜。正是因为规模小，人工造景的成效在李华看来也相当不错，可以不必像隐士一样独行千里，藏身名山，也不需如豪侈之家殚尽百金，就能悦纳名山大川之美。除了王维"蔗浆菰米饭，蒟酱露葵羹"之类的描写，这座文人园林的布局既有书堂琴轩，还有竹药之类，且品种达上百

----

① 此后还出现了以"灌园"为名的农书，如明代陈诗教的《灌园史》和陈正学的《灌园草木识》等。

② ［清］董诰等编：《全唐文》卷三一六《贺遂员外药园小山池记》，上海古籍出版社，1990年，第1419～1420页。

种。而导泉环绕、灌溉田畦，展现的分明就是农耕景观。即便是在长安城内的小园也有如此这般的农业景观，李华认为这样能观天下之至理，体抑末敦元之道，故有助于教化。

当时长安城内最有名的公共景区可能就是乐游原了，这可能与乐游原为长安城的一个制高点有关，"京城之内，俯视指掌"①。但是，在安史之乱之前的唐朝，除了上巳节与重阳节，乐游原上都显得荒凉又寂寥。虽然是公共园林，但乐游原的性质很复杂，唐早期为太平公主所有，后为玄宗赏赐给诸王，到后来又成为公共园林，但平常这里民居很少，反而是野草和树木丛生的荒地，存在很多墓地和废墟。② 因此，这种"弃地"成了贫穷人的避难所，比如贾岛就住在乐游原旁。③

———————————

① ［清］穆彰阿、潘锡恩等：《嘉庆重修一统志》第十四册卷二二七《西安府》，四库丛刊本，上海书店出版社，2015 年，第 23 页。

② 根据沈既济的《任氏传》，天宝九年（750）任氏狐妖在乐游原引诱郑六，"此隙埔弃地，无第宅也"，"皆蓁荒及废圃耳"。见［宋］李昉等编：《太平广记》第十册卷四五二引《任氏传》，中华书局，1961 年，第 3692～3697 页。天宝年间，豆卢回写下《登乐游原怀古》："昔为乐游苑，今为狐兔园。朝见牧竖集，夕闻栖鸟喧。"见《全唐诗》卷七七七《登乐游原怀古》，第 8798～8799 页。根据卢照邻诗《七日登乐游故墓》可知，乐游原还有坟墓。见［唐］卢照邻撰，祝尚书笺注：《卢照邻集笺注》卷三《七日登乐游故墓》，上海古籍出版社，1994 年，第 168～170 页。自古狐狸便栖居在有坟墓的地方，与此相应。乐游原的这个荒凉景象应该与长安城的人口分布有关系。当时的长安城人口虽然已经达到了 100 万，但城市南部长期都存在着大量农田。见《中国环境史：从史前到现代》，第 208 页。

③ 张籍《赠贾岛》："篱落荒凉僮仆饥，乐游原上住多时。"见［唐］张籍：《张籍诗集》卷四《赠贾岛》，中华书局，1959 年，第 50 页。姚合《寄贾岛》："寂寞荒原下，南山只隔篱。"见［唐］姚合著，吴河清整理：《姚合诗集校注》卷三《寄贾岛》，上海古籍出版社，2012 年，第 156～157 页。《寄贾岛浪仙》："所居率荒野，宁似在京邑。院落夕弥空，虫声雁相及。衣巾半僧施，蔬药常自拾。凛凛寝席单，翳翳灶烟湿。颓篱里人度，败壁邻灯入。"见《姚合诗集校注》卷四《寄贾岛浪仙》，第 180 页。

除了京师长安，东京洛阳的建园规模也很庞大。魏晋时期，洛阳就已经分布有以华林园为代表的皇家园林，以及前文所引石崇、潘岳，还有司马伦的景阳山等高官权豪的园林，正所谓"帝族王侯，外戚公主，擅山海之富，居山林之饶，争修园宅，互相夸竞。崇门丰室，洞户连房，飞馆生风，重楼起雾，高台芳榭，家家而筑，花林曲池，园园而有。莫不桃李夏绿，竹柏冬青"①。此外，《洛阳伽蓝记》还记录了不少北魏佛教园林的盛况，例如宝光寺"园中有一海，号咸池，葭菼被岸，菱荷覆水，青松翠竹，罗生其旁。京邑士子，至于良辰美日，休沐告归，征友命朋，来游此寺。雷车接轸，羽盖成阴。或置酒林泉，题诗花圃，折藕浮瓜，以为兴适"②。可以看出，这些园林同样以富有农业景观为豪。

至唐代时，洛阳城市里的园林似乎也得到了发展。《洛阳名园记》记载："唐贞观、开元之间，公卿贵戚开馆列第于东都者，号千有余邸。"③ 此间，履道坊亦称履道里，位于洛阳外郭城的东南隅，洛水之南，伊水之北，遍布水塘，树木茂盛，风光秀丽。④ 白居易从故散骑常侍杨凭那里买得履道坊宅园，他在《池上篇》序文中记载了宅园的创造与景物的布局：

地方十七亩，屋室三之一，水五之一，竹九之一，而岛树桥

---

① ［北魏］杨炫之撰，周祖谟校释：《洛阳伽蓝记校释》卷四《城西》，上海书店出版社，2000年，第162～163页。

② 《洛阳伽蓝记校释》卷四《城西》，第152页。

③ 《洛阳名园记》，第18页。

④ 赵孟林等：《洛阳唐东都履道坊白居易故居发掘简报》，《考古》1994年第8期。

道间之。初，乐天既为主，喜且曰：虽有台，无粟不能守也，乃作池东粟廪。又曰：虽有子弟，无书不能训也，乃作池北书库。又曰：虽有宾朋，无琴酒不能娱也，乃作池西琴亭，加石樽焉。乐天罢杭州刺史时，得天竺石一、华亭鹤二以归；始作西平桥，开环池路。罢苏州刺史时，得太湖石、白莲、折腰菱、青板舫以归；又作中高桥，通三岛径。罢刑部侍郎时，有粟千斛，书一车，泊臧获之习芰、磬、弦歌者指百以归……弘农杨贞一与青石三，方长平滑，可以坐卧……每至池风春，池月秋，水香莲开之旦，露清鹤唳之夕：拂杨石，举陈酒，援崔琴，弹姜《秋思》，颓然自适，不知其他。①

　　履道里宅园是城市园林，与贺遂陟的药园一样"土狭"，占地只有十七亩，在早期园林中属于规模较小的那类。虽然在外郭城内，"勿谓地偏"表明所在区域真的很偏僻，选在了人迹罕至的地方。② 作为白居易生活所居之处，宅园以居室为主，水、竹次之，余下约三分之一的土地面积为岛、树、桥、道用地。除了文人所需的书库，还有粮食储藏之所，此处甚至可以酿酒，与前世庄园有相似之处。除了上文所载，他还在《池上小宴，问程秀才》中写道："洛下林园好自知，江南境物暗相随。净淘红粒窖香饭，薄切紫鳞烹水葵。雨滴蓬声青雀舫，浪摇花影白莲池。停杯一问苏州客，何似吴松江上时？"③ 白居易显然在为宅园内的江南植物、青雀舫等所呈现出的江南景色而得意，并且凭借这些

　　①② 《白居易集》卷六九《池上篇（并序）》，第1450~1451页。
　　③ 《白居易集》卷二八《池上小宴，问程秀才》，第636页。

江南景物，自家园林已经造就了可以比拟吴淞江上的风光。这不仅反映了白居易对江南景致的情怀（有输入江南园林要素的需求①），也可以看出这种小规模园林的造园技术已经比较高超（也有输入江南园林要素的技术）。

当然，此时最有名的文人园林并不局限在城市当中，"公卿近郭皆有园池。以至樊、杜数十里间，泉石占胜，布满川陆"②。长安城南的樊川杜曲附近是园林的主要分布区域之一。这里位于汉上林苑旧址之上，靠近终南山，涧溪富集，地形丘陵起伏富有变化，山水佳汇，物产丰富。在川谷源头之间，还坐落着许多古刹佛塔。③《古今姓氏书辩证》记载："隋唐都京兆杜氏、韦氏，皆以衣冠名位显，故当时语曰：城南韦杜，去天尺五。二家各名其乡，谓之杜曲、韦曲。自汉至唐，未尝不为大族。"④杨篆在《我大唐故天平军节度副大使知节度事郓曹濮等州观察处置等使银青光□□夫检校户部尚书使持节郓州诸军事兼郓州刺史御史大夫上柱国弘农郡开国公食邑二千户赠司徒杨公（汉公）夫人越国太夫人韦氏（媛）墓志铭（并序）》中记载："我外族与京兆杜氏俱世家于长安城南。谚有云：'城南韦杜，去天尺五。'望之比也。所居别墅，一水西注，占者以为多贵婿之象。其实姻妻之盛，他家不侔。"⑤

---

① 这是后文提到的白居易在洛阳实践江南园林景致的一个实例。

② 《画墁录》，第 70 页。

③ 《唐代园林别业考论》，第 21 页。

④ ［宋］邓名世：《古今姓氏书辩证》卷二四，江西人民出版社，2006 年，第 359 页。

⑤ 吴钢主编：《全唐文补遗》第六辑，三秦出版社，1999 年，第 199～200 页。

　　杜牧的樊川别墅就是城南名园的代表。其祖父杜佑《杜城郊居王处士凿山引泉记》记录了自己延请高士建造樊川别墅的过程：

　　佑此庄贞元中置，杜曲之右，朱陂之阳，路无崎岖，地复密迩。开池水，积川流，其草树蒙茏，冈阜拥抱，在形胜信美，而跻攀莫由。爰有处士琅琊王易简，字高德，……素嗜山水，乘兴游衍，踰月方归，诚士林之逸人，衣冠之良士。佑景行仰止，邀屈再三，惠然肯来，披榛周览，因发叹曰：懿兹佳景，未成具美，蒙泉可导，绝顶宜临，而面势小差，朝晡难审，庸费不广，日月非延，舆识无不为疑。佑独固请卒事。于是薙丛莽，呈修篁，级诘屈，步逦迤，竹径窈窕，滕阴玲珑，胜概益佳，应接不足，登陟忘倦，达于高隅。若处烟霄，顿觉神王，终南之峻岭，青翠可掬；樊川之清流，逶迤如带。[①]

　　杜佑对樊川建造前的环境评价是"形胜信美，而跻攀莫由"。王易简的规划目的是"蒙泉可导，绝顶宜临"。在建成之后，杜佑夸耀的也是"应接不足，登陟忘倦，达于高隅。若处烟霄，顿觉神王，终南之峻岭，青翠可掬；樊川之清流，逶迤如带"的景观效果。登临视角作为杜佑心中理想景致的主导地位，可见一斑。

　　与此同时，武少仪的《王处士凿山引瀑记》却对同一建园过程作了不一样的侧重描写：

　　岐公有林园亭沼……却倚峻阜，旧多细泉，萦树石而散流，

[①]　《全唐文》卷四七七《杜城郊居王处士凿山引泉记》，第 2160 页。

沥沙壤而潜耗，注未成瀑，浮不胜杯。王生睨之，叹而言曰：
"天造斯境，人有遗功。若能疏凿控会，始可见其佳矣。"……生
于是周相地形，幽寻水脉；目指颐谕，浚微导壅。穿或数仞，通
如一源，窦岩腹渠，惣引涓溜，集于澄潭，始旁决以漎泻，复涌
流而环曲。觞罛徐泛，自符洛汭之饮；管弦乍举，若试舒姑之
泉。映碧甃而夏寒，间苍苔而石净。①

　　武少仪的关注点明显不在获得登临之景的高地，而是最低一
层的水景布置，也就是说，视点位从制高点降到了地面的最低一
层。这种偏重的不同，或与作者不同的阶层属性有关，六朝贵族
群体对登高壮景的偏爱在"城南韦杜"身上得到了传承。这种视
角所配套的园林呈现，"朝晡难审，庸费不广，日月非延"。正如
前代陶渊明没法买山、占山获得谢灵运式的登临视角，只能"悠
然望南山"，唐代的寒门文人只怕也难以承担这样的建造成本。

　　总之，从"懿兹佳景，未成具美，蒙泉可导，绝顶宜临"与
"天造斯境，人有遗功。若能疏凿控会，始可见其佳矣"可以看
出，樊川别墅是利用现成的山林地开发建造而成。杜佑延请的王
易简"素嗜山水，乘兴游衍，踰月方归"，他的造园手法所参照的
应该也是大自然山水，这是关于造园家的较早的文献记载。"于是
薙丛莽，呈修篁"，将樊川改造成了一个登陟忘倦，达于高隅，能
够远望终南青翠，俯瞰樊川逶迤的园林景点。杜牧在被贬至江南
任黄州刺史时，中年失意，伤怀而作《望故园赋》，写下了对自
家园林的思念，"岩曲天深，地平木老。陇云秦树，风高霜早，

---

① 《全唐文》卷六一三《王处士凿山引瀑记》，第 2741 页。

周台汉园，斜阳暮草。寂寥四望，蜀峰联嶂，葱茏气佳，蟠联地壮。缭粉堞于绮城，矗未央于天上。月出东山，苔扉向关，长烟苒惹，寒水注湾。远林鸡犬兮，樵夫夕还。织有桑兮耕有土，昆令季强兮乡党附"①，肯定了樊川别业是人工造景与周围的自然之景融合而成的、以壮阔为特色的景观。他在《上知己文章启》中记述《望故园赋》的写作缘由："尝有耕田著书志，故作《望故园赋》……上都有旧第，唯书万卷，终南山下有旧庐，颇有水树，当以耒耜笔砚归其间。"② 杜牧希望能回樊川以慰耕读之心志，点明了樊川别业文人庄园式园林的身份。联系其他文人笔下的樊川，如"无事称无才，柴门亦罕开。脱巾吟永日，著屐步荒台"③，"数亩园林好，人知贤相家。结茅书阁俭，带水槿篱斜"④。"柴门""荒台""结茅书阁"等都是为了衬托"贤相"的俭朴精神。这样看来，樊川别业的布置应该还比较符合诗书世家的情况，景观丰富完善，但是又不失简朴，虽然是大户人家，却也不会富丽逼人。

相对而言，同处长安城南的韦曲庄就显得繁华了一些，宋之问的《春游宴兵部韦员外韦曲庄序》记载：

长安城南有韦曲庄，京郊之形胜也。却倚城阙，朱雀起而为门；斜枕岗峦，黑龙卧而周宅……观其奥区一曲，甲第千甍，冠盖列东西之居，公侯开南北之巷。嬴女楼下，吹凤降于神仙；汉妃馆前，濯龙走其车马。地灵磊落而间出，天爵蝉联而相继……

① 《樊川文集》卷一《望故园赋》，第2～3页。
② 《樊川文集》卷一六《上知己文章启》，第241页。
③ 《全唐诗》卷五四四《夏日樊川别业即事》，第6296页。
④ 《全唐诗》卷二三七《题樊川杜相公别业》，第2645页。

万株果树，色杂云霞；千亩竹林，气含烟雾。激樊川而萦碧濑，浸以成陂；望太乙而邻少微，森然逼座。①

　　宋之问此文可谓是韦氏"去天尺五"的详细注解版，不仅是因为韦曲庄"却倚城阙"的地理位置，"嬴女楼下，吹凤降于神仙；汉妃馆前，濯龙走其车马"还指示其在空间与历史轴上都占据了显赫的权势地位。对比王维《暮春太师左右丞相诸公于韦氏逍遥谷宴集序》中的记述：

　　山有姑射，人盖方外；海有蓬瀛，地非宇下；逍遥谷天都近者，王官有之。不废大伦，存乎小隐，迹崆峒而身拖朱绂，朝承明而暮宿青霭，故可尚也。……神皋藉其绿草，骊山启于朱户，渭之美竹，鲁之嘉树，云出其栋，水源于室。灞陵下连乎菜地，新丰半入于家林。馆层巅，槛侧迳，师古节俭，惟新丹垩。岩谷先曙，羲和不能信其时；卉木后春，勾芒不能一其令。花迳窈窕，蔼皋涟漪。……袞旒松风，珠翠烟露，日在濛汜，群山夕岚。犹有濯缨清歌，据梧高咏，与松乔为伍，是羲皇上人。②

　　《旧唐书》曰："议者云自唐已来，氏族之盛，无踰于韦氏。"③宋之问和王维文中所说的韦嗣立，一门显宦。当时"（韦）后方优宠亲属，内外封拜，遍列清要"④，即"天爵蝉联而相继"。韦嗣立虽然与韦后宗属疏远，中宗还是"特令编入属

　　① ［唐］沈佺期、［唐］宋之问撰，陶敏、易淑琼校注：《沈佺期宋之问集校注》，中华书局，2001年，第661页。
　　② 《王维集校注》卷八《暮春太师左右丞相诸公于韦氏逍遥谷宴集序》，第701～712页。
　　③ 《旧唐书》卷一○二《萧直传》，第3185页。
　　④ 《旧唐书》卷五一《中宗韦庶人传》，第2172页。

籍，由是顾赏尤重。尝于骊山构营别业，中宗亲往幸焉，自制诗序，令从官赋诗，赐绢二千匹。因封嗣立为逍遥公，名其所居为清虚原幽栖谷"①。这个背景或许与文章描述的贵族气派有点关系。此外，我们还应该意识到，韦曲构园的时间也在杜曲（贞元）之前。宋、王两篇文章追求的高位视角、壮美气势与仙界想象的痕迹都很明显。总之，韦曲也是依靠原有地形建筑而成的宅邸，比起樊川别业，似乎甲第更多一些。当然，即便是这样的韦氏庄园，明显也是以果树、竹林及菜地等农业元素夸口，经济价值明显占有一定比重。

韦、杜两姓作为数百年的大族，又与王孙贵戚联姻，凭借自身资源，占据长安城南郊形胜之地。也因为这片土地"颇堪游玩"，为中宗爱女安乐公主所垂涎，于是她恳求唐中宗赐与。中宗竟不许，并且坚信"大臣产业，宜传后代，不可夺也"。"贞元中，族叔司空相国黄裳，时任太子宾客，韦曲庄亦谓佳丽，中贵人复以公主赏爱，请买赐与，德宗不许。曰：城南是杜家乡里，终不得取。"②韦、杜两姓的权势以及别墅盛况，可见一斑。当然，这种资源的占有也是地位较高的大族才能享受的特权。而对于王维这类的低级官吏，情况就有所不同了。

第二节　南山北垞下，结宇临欹湖

盛唐时期，王维是山水田园诗的代表人物，同时也是"南宗

---

① 《旧唐书》卷八八《韦嗣立传》，第2873页。
② 《全唐文》卷四七七《杜城郊居王处士凿山引泉记》，第2160页。

文人山水画"① 之祖，他的辋川别业更配有山水画，历代临摹不断（如图1），诗、画、园林集于一体，因此其别业的相关记载就成为古典园林研究中难以忽视的部分。辋川别业位于长安东南的蓝田辋川山谷中，《旧唐书》记载："（王维）得宋之问蓝田别墅，在辋口，辋水周于舍下，别涨竹洲花坞，与道友裴迪浮舟往来，弹琴赋诗，啸咏终日。尝聚其田园所为诗，号《辋川集》。"②

图1　［元］赵孟頫《临王维〈辋川图〉（局部）》，大英博物馆藏

---

① "禅家有南北二宗，唐时始分。画之南北二宗，亦唐时分也，但其人非南北耳。北宗则李思训父子着色山水，流传而为宋之赵干、赵伯驹、伯骕，以至马、夏辈。南宗则王摩诘始用渲淡，一变拘斫之法。其传为张璪、荆、关、董、巨、郭忠恕、米家父子，以至元之四大家。亦如六祖之后，有马驹、云门、临济，儿孙之盛，而北宗衰。要之，摩诘所谓云峰石迹，迥出天机，笔意纵横，参乎造化者。东坡赞吴道子、王维画壁，亦云：'吾于维也无间然。'知言哉。"见［明］董其昌：《容台集》卷六《画旨》，台湾省"中央"图书馆影印崇祯初刻本，1968年，第2100～2101页。关于南、北宗画派传承脉络的建构过程，参考徐复观：《中国艺术精神》，华东师范大学出版社，2001年，第237～280页。
② 《旧唐书》卷一九〇《王维传》，第5052页。

　　辋川诗中含有大量的别业周边的环境及日常生活的记录，如
《春园即事》曰："宿雨乘轻屦，春寒著弊袍。开畦分白水，间柳
发红桃。草际成棋局，林端举桔槔。还持鹿皮几，日暮隐蓬
蒿。"① 辋川的景观不如樊川杜曲那边繁华，显得简朴得多。而
且诗文所呈现的田园画面感，很容易让人感受到王维的别业也同
陶渊明的居所一样，处在田园与自然（野草、树林、蓬蒿）的交
集处。

　　清时，洪亮吉曾在《北江诗话》中评价道："陶渊明以后，
学陶者韦应物、柳宗元以迄苏轼、陈无己等若干人，而皆不及
陶，亦以绝调难学也。……王维、裴迪《辋川》诸作，元结
《舂陵》篇及《浯溪》等诗，无意学陶，亦无一类陶，而转似
陶。"② 但事实上，王维学陶的痕迹在诗文中表现得非常明显。
他在《田园乐七首（其五）》中明确提到"一瓢颜回陋巷，五
柳先生对门"③，已经很明显地将自己放在了颜回与陶渊明的行
列之中。《辋川闲居赠裴秀才迪》又说："渡头余落日，墟里上
孤烟。复值接舆醉，狂歌五柳前。"④ 诗中的"墟里烟"与"五
柳"的典故也可谓明确地表明了心迹。此外，他还喜欢写闲
景、闲情，诸如"仄径荫宫槐，幽阴多绿苔。应门但迎扫，畏
有山僧来"⑤ 中的闲隐情结，"飒飒秋雨中，浅浅石溜泻。跳波

---

　　① 《王维集校注》卷五《春园即事》，第 450 页。
　　② ［清］洪亮吉撰，陈迩冬校点：《北江诗话》卷五，人民文学出版社，1983
年，第 94 页。
　　③ 《王维集校注》卷五《田园乐七首（其五）》，第 455 页。
　　④ 《王维集校注》卷五《辋川闲居赠裴秀才迪》，第 429 页。
　　⑤ 《王维集校注》卷五《辋川集·宫槐陌》，第 419 页。

自相溅，白鹭惊复下"① 以动景衬闲静的手法。《赠裴十迪》有：
"澹然望远空，如意方支颐。春风动百草，兰蕙生我篱。暖暖日
暖闺，田家来致词：'欣欣春还皋，淡淡水生陂。桃李虽未开，
荑萼满其枝。请君理还策，敢告将农时。'"② 这也很容易让人联
想到陶渊明《归去来兮辞》中的"农人告余以春及，将有事于西
畴"③，只是拿着如意撑着腮帮的文官王维应该不如陶氏一样亲
力务农。除此以外，《辋川闲居》与《林园即事寄舍弟纮》等农
耕诗文中也充溢着"闲"的意味④，都带有浓厚的陶诗色彩。并
且，王维还将陶渊明的《桃花源记》改写为诗，即《桃源行》。⑤
这种象征意义极为浓厚的"桃源"符号还不止一次地出现了王
维的诗中。⑥

不管王维是有意还是无意，他笔下的宅居环境都承继了陶渊
明的气韵。不过，稍微对照下二人的居所环境，就很容易看出不
同。陶渊明居住在离山有一段距离的地方，所以"采菊东篱下，
悠然见南山"。而王维则像是径直住进了终南深山里，他在诗文
中一再表明深山里少见旁人，诸如"空山不见人，但闻人语

---

① 《王维集校注》卷五《辋川集·栾家濑》，第 422 页。
② 《王维集校注》卷五《赠裴十迪》，第 430～431 页。
③ 《陶渊明集》卷五《归去来兮辞》，第 159～162 页。
④ 《王维集校注》卷五《辋川闲居》，第 442 页；《王维集校注》卷五《林园即
事寄舍弟纮》，第 469～470 页。
⑤ 《王维集校注》卷一《桃源行》，第 16～17 页。
⑥ 诸如，"杏树坛边渔父，桃花源里人家"，见《王维集校注》卷五《田园乐七
首（其三）》，第 454 页；"笑谢桃源人，花红复来觌"，见《王维集校注》卷五《蓝
田山石门精舍》，第 460 页。

响"①；"独坐幽篁里，弹琴复长啸。深林人不知，明月来相
照"②；"寂寞掩柴扉，苍茫对落晖。鹤巢松树遍，人访荜门
稀"③。甚至是不见他人，"催客闻山响，归房逐水流。野花丛发
好，谷鸟一声幽"④。很明显，这种未经开发的原生环境除了
"夜坐空林寂，松风直似秋"⑤的极静状态，甚至还会出现"山
路元无雨，空翠湿人衣"⑥的自然现象。这个自然背景也造就了
王维诗歌明显的特点——"幽"。既然未经人类打扰，那么这里
分布着各类野生动物也在情理之中，如"雁王衔果献，鹿女踏花
行"⑦，再如"惟有白云外，疏钟间夜猿"⑧。裴迪酬答的诗文中
也有"谷口猿声发，风传入户来"⑨之类的记载。虽然陶诗中也
有关于猿的记载，例如"嶥嶥荒山里，猿声闲且哀"⑩。但是，

① 《王维集校注》卷五《辋川集·鹿柴》，第 417 页。
② 《王维集校注》卷五《辋川集·竹里馆》，第 424 页。
③ 《王维集校注》卷五《山居即事》，第 450 页。
④⑤ 《王维集校注》卷五《过感化寺昙兴上人山院》，第 437 页。
⑥ 《王维集校注》卷五《山中》，第 463 页。
⑦ 《王维集校注》卷五《游感化寺》，第 439 页。
⑧ 《王维集校注》卷五《酬虞部苏员外过蓝田别业不见留之作》，第 459 页。
⑨ 《全唐诗》卷一二九《辋川集二十首·临湖亭》，第 1313～1314 页。
⑩ 《陶渊明集》卷三《丙辰岁八月中于下潠田舍获》，第 85 页。

明显不如王维诗文中的野生动物出现得这么频繁。① 辋川别业深入未经开垦的原始山林之中，为野生自然环境所包围，即便是浪漫主义的书写，时而也会出现对不宜人居环境的不满，如心情低沉时，王维还在《林园即事寄舍弟统》中不无感慨道："地多齐后疟，人带荆州瘿。"②

　　辋川山居位于终南山脉，《蓝田县志》曰："辋川在县正南，川口即峣山之口，去县八里。两山夹峙，川水从此北流入灞，其路则随山麓凿石为之，计五里许，甚险狭，即所谓匾路也。过此则豁然开朗，四顾山峦掩映，若无路然，此第一区也。团转而

---

　　① 对鹤、猿之类野生动物的选择性记载，还可能与道教等神秘思想有关联。高罗佩（Robert Hans van Gulik）认为，猿居住于原始森林最上层，不见踪影也极难抓捕，因而被视为有仙人或妖精出没的深山幽谷中的神秘居民。在猴子逐渐成为人类精明狡诈而又愚昧轻信的品性的象征时，长臂猿则成了远离世俗生活的超凡、神秘世界的标志。长臂猿地位的提升更多得益于道家。他们认为猿是动物中的采气能手，擅长采气者能获得一种神秘力量，包括化猿为人及寿比彭祖的能力，正如董仲舒《春秋繁露》："猨似猴，大而黑，长前臂，所以寿八百，好引其气也。"其他被认为因四肢修长而长寿的动物还有鹤。人们相信鹤的长颈及长腿皆有助于其吸取大量的气，因而鹤龄可逾千年。中国人还崇拜鹤鸣之声及其美丽的黑白双翅，其头部的红顶甚至被视为长生不老药的容器。因而，鹤常被称为仙鹤，成为道家隐士和山人的传统伙伴。人们认为鹤及猿皆因修长四肢而延年益寿，它们凭借悦耳的鸣声及优雅的姿态闻名遐迩，因而形成固定的猿鹤配，大量出现在贯之以道德的中国艺术及文学作品中。也因为此，诗文中也常见人工饲养猿与鹤的记载，例如韦庄《李氏小池亭十二韵（时在婺州寄居作）》："养猿秋啸月，放鹤夜栖杉。"参考〔荷〕高罗佩著，施晔译：《长臂猿考》，中西书局，2015年，第47～49、128页。补充一点，虽然当时文人有养猿、鹤的情况，但是从王维的诗文中看不到任何家养猿、鹤的记载。

　　② 《王维集校注》卷五《林园即事寄舍弟统》，第469～470页。

南，凡十三区，其景愈奇，计地二十里而至鹿苑寺，即王维别业。"① 这段文字解释了辋川人迹罕至的客观原因，同时也指出了此处景色雄奇。对终南地貌奇异之处的记载，韩愈的《南山诗》有更为细致的刻画，兹不赘述。②

文献记载，王维选择在这个雄奇的地点建造别业与母亲奉佛有关。③ 这里与感化寺、悟真寺比邻而居。④ 在庐山慧远等人之后，佛门人士选择人迹罕至的山林建造寺院的现象就已经兴盛了起来，正如汤用彤所说："僧人超出尘外，类喜结庐深山。"⑤ 这应该是辋川别业建于此处的部分原因。此外，交通便利应该也是一个背景。王维隐居辋川之际，还具有在朝为官的身份。盛唐时代，贵戚在京郊所置的别业山庄，其中有相当大的一部分都在

① 《嘉庆重修一统志》第十四册卷二二七《西安府》引《蓝田县志》，第26页。此外，柳宗元《终南山祠堂碑》也有相关记载："盖闻名山之列天下也，其有能奠方域，产财用，兴云雨，考于祭法，宜在祀典。惟终南据天之中，在都之南。西至于褒斜，又西至陇首，以临于戎。东至于商颜，又东至于太华，以距于关。实能做固，以屏王室。"见《柳河东集》卷五《终南山祠堂碑》，第78～80页。

② 参考〔唐〕韩愈撰，屈守元、常思春主编：《韩愈全集校注》，四川大学出版社，1996年，第321～350页。韩愈对终南山地貌所使用的穷极物象的刻画手法，让人联想到他不顾性命寻奇猎异的爱好。"韩愈好奇，与客登华山绝峰，度不可返，乃作遗书，发狂恸哭，华阴令百计取之，乃下。"见〔唐〕李肇：《唐国史补》卷中，上海古籍出版社，1957年，第38页。

③ "臣亡母故博陵县君崔氏，师事大照禅师三十余岁，褐衣蔬食，持戒安禅，乐住山林，志求寂静，臣遂于蓝田县营山居一所。草堂精舍，竹林果园，并是亡亲宴坐之余，经行之所。"见《王维集校注》卷一一《请施庄为寺表》，第1085页。

④ 王维辋川诗中有《游感化寺》与《过感化寺昙兴上人山院》，感化寺即化感寺，与辋川别业相距不远。参考《王维集校注》，第437～439页。陈允吉指出辋川别业附近的寺庙，除了化感寺外还有悟真寺。见陈允吉：《王维"终南别业"即"辋川别业"考——兼与陈贻焮等同志商榷》，《文学遗产》1985年第1期。

⑤ 汤用彤：《汉魏两晋南北朝佛教史》，中华书局，1989年，第418页。

从骊山到蓝田县境的靠近商山大道一线。① 所以在这种社会背景
下，刘禹锡发出了感慨："借问池台主，多居要路津。千金买绝
境，永日属闲人。竹迳萦纡入，花林委曲巡。斜阳众客散，空锁
一园春。"② 如此，辋川山谷并非只有王维的别业这一个孤例
（除了裴迪，崔兴宗、钱起等人应该也住在附近③），并且该地是
唐代城郊园林的重要分布地也就很好理解了。联系前文所述韦杜
两姓"去天尺五"的情况，以及王维购宅于宋之问的记载，似乎
说明了王维之类的文人既不能占据园林中"权力分布"的优越位
置，也不能如前代的谢灵运与陶渊明一样，以垦荒的形式封占并
入住山林。在均田制实施了较长时间后，留给他们建筑别业的天
然地理空间已经比前代狭窄了许多。

　　根据诗文所述，辋川附近不仅有村落民居、平野农田，而且
还活动着农夫村妇，呈现出诸如田间耕作、深山砍柴等乡民劳动
生活的图景，以及墟里炊烟、牛羊归村、深巷犬吠等乡村田园景
象。这或许也说明了，与前代相比，唐代的这种农业与自然相消
长的边际线已经又向自然（深山）的方向推进了一步。

　　此外，王维有诗"新家孟城口，古木余衰柳"④，裴迪有相

　　① 陈允吉：《王维"终南别业"即"辋川别业"考——兼与陈怡焮等同志商
榷》，《文学遗产》1985 年第 1 期。
　　② ［唐］刘禹锡撰，卞孝萱校订：《刘禹锡集》卷二二《五言今体三十首·城东
闲游》，中华书局，1990 年，第 282 页。
　　③ 分别见《全唐诗》卷一二二《同王维过崔处士林亭》，第 1221 页；《全唐诗》
卷二三七《裴迪南门秋夜对月》，第 2628 页；《全唐诗》卷二三七《晚归蓝田酬王维
给事赠别》，第 2629 页。
　　④ 《王维集校注》卷五《辋川集·孟城坳》，第 413 页。

应诗文"结庐古城下，时登古城上"①，由此可见，王维在孟城口的此类居所又被称为"庐"。《说文解字注》："在野曰庐。在邑曰里。"② 相较履道里城市园林，山野的这种草庐又称草堂，对于此类园林，卢鸿一在《嵩山十志十首·草堂》中记下了如下观点："草堂者，盖因自然之豁阜，前当墉洳。资人力之缔构，后加茅茨。将以避燥湿，成栋宇之用。昭简易，叶乾坤之德，道可容膝休闲。谷神同道，此其所贵也。及靡者居之，则妄为剪饰，失天理矣。"③ 这种因地制宜、崇简去靡的准则让人联想到唐朝的两个著名草堂：白居易在江西的庐山草堂和杜甫在成都的浣花草堂。

关于庐山草堂的情况，白居易的《草堂记》有言：

三间两柱，二室四牖，广袤丰杀，一称心力。洞北户，来阴风，防徂暑也。敞南甍，纳阳日，虞祁寒也。木斫而已，不加丹；墙圬而已，不加白。磩阶用石，幂窗用纸，竹帘纻帏，率称是焉。堂中设木榻四，素屏二，漆琴一张，儒、道、佛书各三两卷。④

房屋立基南北，充分利用自然风向与采光，结构已是至简，住所内的木柱也是斫平而已，并不加朱色，墙抹平就行，也不刷抹白色粉饰，而是使用木质原色。用石料堆砌台阶，用纸糊住窗户，屋内悬挂的只是竹子做成的帘子以及苎麻做成的帐幔，堂内

---

① 《全唐诗》卷一二九《辋川集二十首·孟城坳》，第1312～1313页。
② 《说文解字注》卷九《广部》，第443页。
③ 《全唐诗》卷一二三《嵩山十志十首·草堂》，第1223页。
④ 《白居易集》卷四三《草堂记》，第933～935页。

陈设也是以简为主。但是，这种设置并不妨碍它享有周围自然景观之奇。白居易在叙及草堂内部景致时，说园内"前有平地，轮广十丈；中有平台，半平地；台南有方池，倍平台。环池多山竹野卉，池中生白莲、白鱼"，此园规模显然比城内的履道里的宅园大了不少，园内布置是以台为地标，接着定位水池及其他，且台占有的空间很大，这种布置应该是为了便利园主观赏外景，于是，他很自然地就从草堂为起点过渡到了外部的庐山的自然景观：

南抵石涧，夹涧有古松、老杉，大仅十人围，高不知几百尺。修柯戛云，低枝拂潭，如幢竖，如盖张，如龙蛇走。松下多灌丛，萝茑叶蔓，骈织承翳，日月光不到地，盛夏风气如八九月时。下铺白石，为出入道。堂北五步，据层崖积石，嵌空垤堄，杂木异草，盖覆其上。绿阴蒙蒙，朱实离离，不识其名，四时一色。又有飞泉植茗，就以烹燀。好事者见，可以销永日。堂东有瀑布，水悬三尺，泻阶隅，落石渠，昏晓如练色，夜中如环佩琴筑声。堂西倚北崖右趾，以剖竹架空，引崖上泉，脉分线悬，自檐注砌，累累如贯珠，霏微如雨露，滴沥飘洒，随风远去。其四傍耳目杖屦可及者，春有锦绣谷花，夏有石门涧云，秋有虎溪月，冬有炉峰雪：阴晴显晦，昏旦含吐，千变万状，不可殚纪。①

白居易用了较大篇幅分别记载南、北、东、西四方环境，可以说，自然景观才是草堂的景色重心，人工硬景，包括白石道、

① 《白居易集》卷四三《草堂记》，第933～935页。

阶隅、架空的剖竹之类的设置也是为了将观者的视线引导向自然，大自然的景致成就了庐山草堂。对此，白居易显然很自豪，"今我为是物主，物至致知，各以类至"，于是他感受到了"外适内和，体宁心恬"。①

同时期的杜甫，在成都城西浣花溪畔的草堂也是"诛茅初一亩，广地方连延。……亭台随高下，敞豁当清川"②。相较白居易，逃乱至成都的杜甫的草堂占地面积就小了很多。杜甫草堂的主体建筑为用白茅草覆顶的极简草堂，"背郭堂成荫白茅，缘江路熟俯青郊。桤林碍日吟风叶，笼竹和烟滴露梢"③，这样简朴的杜甫草堂的景色重心显然也不在内部。事实上，草堂周围环境还不错，景色可以绵延。

这两个草堂，一个在名山，一个在城郊，这两地也正是唐代文人园林别业的两种主要集中分布地。杜甫在成都也并非独居野外，草堂所在的成都城西还分布着张仪楼、石笋街、笮桥、琴台、浣花溪景点，以及道教圣地青羊宫、佛教寺院净众寺。④ 杜甫在诗文中记录了自己的邻居，《北邻》记曰："明府岂辞满，藏身方告劳。青钱买野竹，白帻岸江皋。爱酒晋山简，能诗何水曹。时来访老疾，步屧到蓬蒿。"⑤《南邻》又有："锦里先生乌

①　《白居易集》卷四三《草堂记》，第933～935页。

②　［唐］杜甫著，［清］仇兆鳌注：《杜诗详注》卷一二《寄题江外草堂》，中华书局，1979年，第1013～1014页。

③　《杜诗详注》卷九《堂成》，第735～736页。

④　［明］曹学佺著，刘知渐点校：《蜀中名胜记》卷二《川西道》，重庆出版社，1984年，第15～23页。

⑤　《杜诗详注》卷九《北邻》，第759～760页。

角巾，园收芋栗不全贫。惯看宾客儿童喜，得食阶除鸟雀驯。秋水才深四五尺，野航恰受两三人。白沙翠竹江村暮，相送柴门月色新。"① 以及在《过南邻朱山人水亭》中，杜甫夸赞道："相近竹参差，相过人不知。幽花欹满树，细水曲通池。归客村非远，残樽席更移。看君多道气，从此数追随。"② 这些邻居大都有遗世隐士之风。当然，这种对邻居的称赞最终也反馈到了杜甫自己身上，《论语·里仁》："子曰：'德不孤，必有邻。'"何晏集解："方以类聚，同志相求，故必有邻，是以不孤也。"③ 杜甫自然也就成了这种品德高尚的隐士。这些居所并非孤立的点，它们除了相互连接，还与城西景区一起，构成了一个以隐士片区为中心的区域，同远处可望的川西名山西岭雪山，以及周围的水景交融在了一起。

晋时张载入蜀省父，留下名篇《登成都白菟楼》记曰："西瞻岷山岭，嵯峨似荆巫。"④ 杜甫的《绝句四首（其三）》也有记载："窗含西岭千秋雪，门泊东吴万里船。"⑤ 以及《怀锦水居止二首（其二）》载："万里桥西宅，百花潭北庄。层轩皆面水，老树饱经霜。雪岭界天白，锦城曛日黄。惜哉形胜地，回首一茫茫。"⑥ 杜甫草堂在浣花溪侧，是以水取胜的景点，有"清江一

---

① 《杜诗详注》卷九《南邻》，第760~761页。
② 《杜诗详注》卷九《过南邻朱山人水亭》，第762~763页。
③ 程树德撰，程俊英、蒋见元点校：《论语集释》卷八《里仁》，中华书局，1990年，第280~281页。
④ 丁福保编纂：《全晋诗》卷四《登成都白菟楼》，无锡丁氏铅印本，1916年，第90页。
⑤ 《杜诗详注》卷一三《绝句四首（其三）》，第1143页。
⑥ 《杜诗详注》卷一四《怀锦水居止二首（其二）》，第1238页。

曲抱村流，长夏江村事事幽"①之景。《客至》一诗还说："舍南
舍北皆春水，但见群鸥日日来。花径不曾缘客扫，蓬门今始为君
开。盘飧市远无兼味，樽酒家贫只旧醅。肯与邻翁相对饮，隔篱
呼取尽余杯。"②几句话点明了杜甫在成都的半隐居生活。

可以看出，杜甫草堂有山可望，有水环居。即便居所简朴，
也不失周员之美。并且，事实上这些文人欣赏的也绝非局限于自
己小园林之内的景物，而是以自己所处的位置为基础往外眺，所
形成的综合图景。园林的景色相当大一部分来自外部的自然环
境。这一方面，维持住了简朴的文人风尚；另一方面，外部的自
然环境也的确很优越。值得注意的是，此时的城郊并非任意一城
之郊外，而是在西京长安、东都洛阳，以及后来的唐王朝的南京
成都等城市的郊外。③这与文人求仕心理，以及政治势力的分布
有关。④

毕竟，隔绝世俗隐居生活也非易事，《世说新语》有一段记

---

① 《杜诗详注》卷九《江村》，第746～747页。
② 《杜诗详注》卷九《客至》，第793页。
③ 隋唐时的成都城中心有大型公共园林，摩诃池遗址发现的建于隋朝的333公
顷的公共园林，见《成都日报》2014年5月26日的报道。此外，成都城郊也分布着
园林，如成都市考古队2015年3—7月在成都市金牛区通锦路考古发掘的唐代园林遗
址，因为缺乏文字佐证，尚不能判定该园林遗址属于寺庙园林还是私家园林，但寺
庙园林的可能性更大，见2015年7月13日《四川日报》的报道，以及网页http：//
news. sina. com. cn/c/2015 - 07 - 13/055932100713. shtml，访问时间为2016年9月
26日。
④ 毛汉光认为唐代官僚制度中的选官制度对地方人物产生巨大的吸引力。这种
制度使郡姓大族疏离原籍，迁居两京，以便投身官僚阶层；科举入仕者以适应官僚
政治为主，地方代表性质较弱，士族子弟将以大社会中的知识分子身份求取晋升，
大帝国由此获得人士以充实其官吏群。参考毛汉光：《从士族籍贯迁徙看唐代士族之
中央化》，见毛汉光：《中国中古社会史论》，上海书店，2002年，第234～333页。

载："康僧渊在豫章，去郭数十里立精舍，旁连岭，带长川，芳林列于轩庭，清流激于堂宇。乃闲居研讲，希心理味。庾公诸人多往看之，观其运用吐纳，风流转佳，加已处之怡然，亦有以自得，声名乃兴。后不堪，遂出。"① 即便康僧渊事先已经改善了居处环境，离群索居（实际只有数十里）也并非常人所能忍受，最终他冒着声名受损的压力，也要选择狼狈出山。与这类情况相对应的是晋太宗简文皇帝司马昱提出的一个很有意思的观点："简文入华林园，顾谓左右曰：'会心处不必在远，翳然林水，便自有濠、濮间想也，觉鸟兽禽鱼自来亲人。'"② 在这里，司马昱不仅推崇用园林景观去取代原野景观，更强调了"会心"的作用，这与稍后于他的陶渊明的"悠然见南山"，以及宗炳在《画山水序》中提到自己利用神游去"得"景观之旨，隶属同源。宗白华先生还认为这与后代的南宗画派属于同一脉络。③ 当然，不可否认的是，唐时的这些西部城市的周边确有高山大川可眺望，精心选择的形胜地也颇堪游览，这就调和了"远游"与"近居"的矛盾。这种调和的手段需要理论支持，而这就要留待白居易的"中隐"说之后，才逐渐完善了起来。

也许正是因为上述文人园林的分布情况，唐时隐居近郊名山之类的"假隐"事件已很频繁，且被当作沽名钓誉的手段，出现了"终南捷径"之讥，正如《大唐新语·隐逸》所记载："卢藏

① 《世说新语校笺》卷下《栖逸》，第 360 页。
② 《世说新语校笺》卷上《言语》，第 67 页。
③ 宗白华：《论〈世说新语〉和晋人的美》，《学灯》1941 年第 126 期；《美学散步》，第 208～230 页。

用始隐于终南山中，中宗朝累居要职。有道士司马承祯者，睿宗迎至京，将还，藏用指终南山谓之曰：'此中大有佳处，何必在远！'承祯徐答曰：'以仆所观，乃仕宦捷径耳。'"① 而事实上，在盛世之时逃名深山的"真隐"如嘲笑卢藏用的司马承祯以及卢鸿一之类的隐士，也容易受到舆论的质疑，如《旧唐书·隐逸传序》的评价："高宗天后，访道山林，飞书岩穴，屡造幽人之宅，坚回隐士之车。而游岩、德义之徒，所高者独行；卢鸿一、承祯之比，所重者逃名。至于出处语默之大方，未足与议也。"②《周易·坤卦》有言："天地变化，草木蕃；天地闭，贤人隐。"③《论语·卫灵公上》也说："邦有道，则仕；邦无道，则可卷而怀之。"④ 大唐既是盛世，"真隐"这种"逃名"、不合作的态度就显得非常不合时宜。故《旧唐书》曰："近代以来，多轻隐逸。"⑤

---

① ［唐］刘肃：《大唐新语》卷一〇《隐逸》，中华书局，1984 年，第 157～158 页。
② 《旧唐书》卷一九二《隐逸传》，第 5115～5116 页。
③ ［唐］李鼎祚：《周易集解》卷二《上经·坤》，中国书店，1984 年，第 6 页。
④ 《论语集释》卷三一《卫灵公上》，第 1068 页。
⑤ 《旧唐书》卷六五《高士廉传》，第 2443 页。王瑶认为中古隐逸是为了求仕。见王瑶：《论希企隐逸之风》，载王瑶：《中古文学史论》，北京大学出版社，1986 年，第 176～195 页。侯迺慧在这方面作了一些推进，认为隐逸、读书是求仕的两条路径，并以之来解释作为这种愿望载体的唐代城郊园林及山林、寺院园林盛行的原因。见《诗情与幽境：唐代文人的园林生活》，第 44～48 页。笔者承认这种现象的存在，但是这种观点也会遇到一些不易解释的地方，例如，诸如白居易等致仕文人退居园居的现象。朝堂、园居、自然，这三者之间的关系并非以朝堂为目的地的单向线，而是双向的，即"朝堂↔园居↔自然"。建园之文人群体很大部分具有官员身份就已经说明了逆朝堂且导向自然的路径的存在。并且寺院园林在魏晋时期就已经盛行，很难说清是受到了唐代科举取士多大程度的影响。

与此相对应的是，文人半官半隐的生活态度受到了推崇，典型的例子如卢照邻的《宴梓州南亭诗序》所记：

梓州城池亭者，长史张公听讼之别所也。徒观其岩嶂重复，川流灌注。云窗绮阁，负绣堞之逶迤；洞户山楼，带金隍之缭绕，信巴蜀之奇制也。……市狱无事，时狎鸟于城隅；邦国不空，旦观鱼于濠上。宾阶月上，横联蟾之桂枝；野院风归，动葳蕤之萱草。①

从中可略见初唐所追求的自然景致，以及半官半隐的进一步整合，即张长史办公的场所也放在了园林内，方便其在政事之余"狎鸟于城隅"，或者"观鱼于濠上"。"海边曾狎鸟，濠上正观鱼"②也是中古文人频繁使用的典故。"濠上观鱼"出自《庄子·秋水篇》③，除了后文所提到的徐勉《诫子书》化用了这个典故，欧阳修提到的游儵亭也得名于此。"狎鸟于城隅"与"海上之人有好沤鸟者，每旦之海上，从沤鸟游"④的故事原型大不相同，说明张长史已经不需要跑去海边，在城内就能体会到这种乐趣。这在司马昱所推崇的用园林取代原野景观的理论基础上，已经进一步加强了实践。

站在这个层次上，我们才能理解前文所引王维《暮春太师左右丞相诸公于韦氏逍遥谷宴集序》在夸耀韦曲庄景致的同时，对

---

① 《卢照邻集笺注》卷六《宴梓州南亭诗序》，第 361 页。

② 《全唐诗》卷二四九《和郑少尹祭中岳寺北访萧居士越上方》，第 2803 页。

③ ［清］郭庆藩辑，王孝鱼整理：《庄子集释》外篇《秋水》，中华书局，1961年，第 606 页。

④ 杨伯峻：《列子集释》卷二《黄帝篇》，中华书局，1979 年，第 67 页。

前世的"真隐"和"世外桃源"的舍弃，以及对世俗之乐的迷恋。① 此类思想还可见于裴迪、祖咏、陆希声等人的诗文中。② 自然，打着"不废大伦，存乎小隐"旗号建造世俗生活场所的园林也很容易引发奢侈之风，除了王维笔下对韦氏逍遥谷的华丽描述外，李白对当时文人士大夫构屋华丽的现象进行了批评："曹官绂冕者，大贤处之，若游青山、卧白云，逍遥偃傲，何适不可。小才居之，窘而自拘，悄若桎梏，则清风朗月，河英岳秀，皆为弃物，安得称焉。"③ 在肯定文人自身修养的同时，也从另一方面肯定了所谓贤达之士"游青山、卧白云，逍遥偃傲"的旷达闲傲的普遍的生活状况。

此外，我们印象中素味恬淡的王维在《蓝田山石门精舍》中写道："落日山水好，漾舟信归风。玩奇不觉远，因以缘源穷。遥爱云木秀，初疑路不同。安知清流转，偶与前山通。舍舟理轻

---

① "山有姑射，人盖方外；海有蓬瀛，地非宇下；逍遥谷天都近者，王官有之。不废大伦，存乎小隐，迹崆峒而身拖朱绂，朝承明而暮宿青霭，故可尚也。……衰旒松风，珠翠烟露，日在濛汜，群山夕岚。犹有濯缨清歌，据梧高咏，与松乔为伍，是羲皇上人。"见《王维集校注》卷八《暮春太师左右丞相诸公于韦氏逍遥谷宴集序》，第701～712页。

② "恨不逢君出荷蓑，青松白屋更无他。陶令五男曾不有，蒋生三径枉相过。芙蓉曲沼春流满，薜荔成帷晚霭多。闻说桃源好迷客，不如高卧眄庭柯。"见《全唐诗》卷一二九《春日与王右丞过新昌里访吕逸人不遇》，第1312页。"田家复近臣，行乐不违亲。霁日园林好，清明烟火新。以文长会友，唯德自成邻。池照窗阴晚，杯香药味春。檐前花覆地，竹外鸟窥人。何必桃源里，深居作隐沦。"见《全唐诗》卷一三一《清明宴司勋刘郎中别业》，第1336页。"君阳山下足春风，满谷仙桃照水红。何必武陵源上去，洞边好过落花中。"见《全唐诗》卷六八九《阳羡杂咏十九首·桃花谷》，第7914页。

③ ［唐］李白撰，［清］王琦注：《李太白全集》卷二七《夏日陪司马武公与群贤宴姑熟亭序》，中华书局，1977年，第1258～1260页。

策，果然惬所适。老僧四五人，逍遥荫松柏。朝梵林未曙，夜禅山更寂。道心及牧童，世事问樵客。暝宿长林下，焚香卧瑶席。涧芳袭人衣，山月映石壁。再寻畏迷误，明发更登历。笑谢桃源人，花红复来觌。"① 这种对世外桃源"玩奇不觉远"的心理与前代谢灵运"怀（杂）新道转回，寻异景不延"并无多大抵牾之处，反倒可以看作是一种延续和发展。除了上文提到的古典园林中的"权力分布地图"的梗概，我们也需要留意下这时园林分布的中心位于西部秦岭蜀嶂及嵩洛地区。这种地理地形赋予了这一时期的园林景观深邃、奇绝、幽静的特点。② 这种背景也很容易让我们相信，对这类异景的渴望在西部雄奇的高山中，比在谢灵运所处的江南地区永嘉周边的丘陵地带更容易得到满足。唐代文人的这种对大山水的园林品味，很难从当时所处的环境中脱离出来。

需要顺带提及的是，陈铁民在对王维的居处周围环境加以考证后，认为辋川别业中存在很多自然景观，其涵盖的范围超出了王维的个人财力状况。并且，周边还有其他村民居住于斯，所以他得出结论：辋川别业并不是一个大型庄园，也不存在一个私权的界限。③ 这个观点为其他学者所发展，甚至有人提出了没有私

---

① 《王维集校注》卷五《蓝田山石门精舍》，第 460 页。
② 这种情况并非只有王维这一孤例，例如钱起的《游辋川至南山寄谷口王十六》也表现出了极强的寻幽探景的心态："山色不厌远，我行随处深。迹幽青萝迳，思绝孤霞岑。独鹤引过浦，鸣猿呼入林。褰裳百泉里，一步一清心。王子在何处，隔云鸡犬音。折麻定延伫，乘月期招寻。"见《全唐诗》卷二三六《游辋川至南山寄谷口王十六》，第 2612～2613 页。
③ 陈铁民：《辋川别业遗址与王维辋川诗》，《中国典籍与文化》1997 年第 4 期。

权边界的辋川别业就不是园林的观点。^①

　　这就回到了我们在前一节中谈论的问题，园林在早期社会中处于自然与农业交界的边缘地带，是一种带有农业性质的土地开发方式。这种庄园式园林逐步发展到后来的庭园形态需要一个长期的过程，后文还会就这个问题继续进行讨论。但是，用后世园林的标准去评判早期的园林似有不妥。一方面，大型庄园尤其是富贵人家凭借甲第等造就的界限可能更明确一些，但是我们再回头看谢灵运的庄园便会发现，他在《山居赋》中对始宁山居的眺望一直延伸到远方的自然山河，似乎也不存在一个明显围合的边界。白居易的庐山草堂与杜甫的浣花草堂的景色重点也分明不在园内，而在园外的自然景观。从另一方面来讲，这些庄园、草堂也证明了早期文人园林的位置的确处于自然与农业社会的边缘地带。这也说明了，彼时的园林因为处在自然环境的包围之中，与后世庭园小园林明显不同，是从内而外观大自然山水类型的园林。^②

　　此外，与这种时代背景互为因果的是，此时的文人精英还抱有一种"文字占有"的观念。王维在《辋川集·孟城坳》中感慨

---

　　①　乔永强：《"辋川别业"不是园林》，《北京林业大学学报（社会科学版）》2006 年第 2 期。

　　②　侯迺慧也认为大型的庄园别业，不必一定划界一个固定的范围，只需要几间茅舍草堂，几畦圃田，茂林天成，禽鹿时来，这样一个有山、有水、有林木、有建筑，甚至建筑前经过选地布局等考虑的山居丘园，便是自然山水园林。她将这种园林盛行的原因解释为隐逸风气的盛行。见《诗情与幽境：唐代文人的园林生活》，第 42 页。不过，她还认为辋川是有"边界"的封闭空间。这种"边界"并非常见的篱笆之类阻碍物，诸如《辋川集·宫槐陌》："仄径荫宫槐，幽阴多绿苔。应门但迎扫，畏有山僧来。"这里的"宫槐"就是"边界"，营造了一个非绝对封闭的空间，这与后来的庭园形成了强烈的对比。

道："新家孟城口，古木余衰柳。来者复为谁？空悲昔人有。"[1]
以及，韩愈在《游太平公主山庄》中调侃道："公主当年欲占春，
故将台榭压城闉。欲知前面花多少，直到南山不属人。"[2] 这些诗
文都在表达一种在时间轴上"暂时的占有"与"长久的失去"之
间的落差。在他们看来，解决掉这个落差的方法就是面对它、接
受它，但是也可以利用自己的文化优势用文字来记录它、想象
它，从而就能随着文字在历史上的流传，永久地"占有"它。正
如白居易《游云居寺，赠穆三十六地主》中所说："乱峰深处云
居路，共踏花行独惜春。胜地本来无定主，大都山属爱山人。"[3]
既然胜地不存在长期的主人是必然的事实，那么强调文字的"占
有"，通过欣赏和爱惜来占有山林就成了文人充满智慧的选择。[4]
据此，我们可以合理推测，这些文人应该也不希望在诗文中设置
一个明确的园林私权边界。

　　此外，依城建园与傍山而居，这两种园林位置的选择并不是
唐代所特有的现象。魏晋及北朝时期的洛阳城是园林的高密度聚
集地，这些园林多为皇家贵族、权臣高官及寺观园林。寺观园林

---

① 《王维集校注》卷五《辋川集·孟城坳》，第 413 页。
② 《韩愈全集校注》，第 668 页。
③ 《白居易集》卷一三《游云居寺，赠穆三十六地主》，第 256 页。
④ 参考〔美〕宇文所安著，郑学勤译：《追忆：中国古典文学中的往事再现》，
三联书店，2004 年，第 21～24 页。园林的维护成本很高，园林荒败的变数不仅在于
园主权势易去，还因为常用木料作建材，而木材往往不能保存得太长久。虽然中国
文明甚古老，但中国的景观较少极古老的人文构造。见《经验透视中的空间与地
方》，第 184 页。正是由于这些因素的存在，长久的时间轴上的失去就成了必然。也
是因这必然，后世还逐步形成了废园审美风尚。参考侯迺慧：《清代废园书写的园
林反省与历史意义》，载刘苑如主编：《生活园林：中国园林书写与日常生活》，台湾
省"中央"研究院中国文哲研究所，2013 年，第 248～300 页。

也多傍山而居，例如慧远在庐山景区的建造。但是，对这段时间的简单追溯也能发现（联系第三章元结与柳宗元在湘南的开垦、建园的情况），相较前代，在城郊与山林尤其是在政治城市的城郊地带，文人园林出现了密集化的趋势，而在开垦前线的田园（小庄园）、庄园型园林则在不断缩减。

第三章　殊方异物与南部中国

第一节　异物：想象与超越[①]

白居易在《池上篇》序文中谈起履道里宅园中有从杭州带回的"天竺石"和"华亭鹤"，从苏州带回的"太湖石""白莲""折腰菱""青板舫"等物。他在《池上小宴，问程秀才》中又很得意地夸耀起自家园林的江南景物。[②] 这些地方特产让人很自然地联想到了中古高频出现的"异物"。

何为异物？郭璞在《山海经》序中提出了一种让人信服的观点：

世之所谓异，未知其所以异；世之所谓不异，未知其所以不异。何者？物不自异，待我而后异，异果在我，非物异也。故胡人见布而疑黂，越人见罽而骇毳。夫玩所习见而奇所希闻，此人情之常蔽也。[③]

异物之"异"，是之于刚开始接触的陌生人群而言。易言之，

---

① 本节内容改编自拙文：《殊方异物与中古园林中的地理空间意涵》，《昆明学院学报》2021 年第 4 期。

② 《白居易集》卷二八《池上小宴，问程秀才》，第 636 页。

③ 袁珂校注：《山海经校注》，上海古籍出版社，1980 年，第 478 页。

人们在接触前所未见，或很少见的东西时，会因为陌生而产生一种文化上的异质感。这种因不常见而显得十分珍贵的方物，如若按照来源地来划分，则可包括境内和境外两类。

早期的异物多来自境外，如《尚书·旅獒》中有关异物的较早记载：

明王慎德，西夷咸宾。无有远迩，毕献方物，惟服、食、器用。王乃昭德之致于异姓之邦，无替厥服。分宝玉于伯叔之国，时庸展亲。人不易物，惟德其物。德盛不狎侮。狎侮君子，罔以尽人心；狎侮小人，罔以尽其力。不役耳目，百度惟贞。玩人丧德，玩物丧志。志以道宁，言以道接。不作无益害有益，功乃成；不贵异物贱用物，民乃足。犬马非其土性不畜，珍禽奇兽不育于国。不宝远物，则远人格；所宝惟贤，则迩人安。[①]

太保作《旅獒》是为了训德，规训明王对物的眷恋。但是这段资料也提到，远夷为了表示臣服会献上当地的特产，这些特产对于接受方物的"宗主国"来说是非土产的"异物"，所以显得非常珍贵，因此太保才会一再建议统治者"不贵异物""不宝远物"。这种边远地方进贡珍禽异兽的现象在唐时仍存在，如元稹的《和李校书新题乐府十二首·驯犀》："贞元之岁贡驯犀，上林置圈官司养。……行地无疆费传驿，通天异物罢幽枉。"[②] 当然，这些通过地区交往而来的异物除了珍禽异兽，还包括奇花异卉、

---

① 〔汉〕孔安国传，〔唐〕孔颖达正义，黄怀信整理：《尚书正义》卷一二《旅獒》，上海古籍出版社，2007年，第485～492页。

② 〔唐〕元稹撰，冀勤点校：《元稹集》卷二四《和李校书新题乐府十二首·驯犀》，中华书局，1982年，第283页。

名果异树等。

这种地区交往的情况汇聚到了同时期的一个私家园林的极端案例上——李德裕位于洛阳城郊的平泉山庄，李德裕自述："于龙门之西，得乔处士故居，天宝末，避地远游，蓁为荒榛。首阳微岑，尚有薇蕨，山阳旧径，惟余竹木。吾乃翦荆莽，驱狐狸，始立班生之宅，渐成应叟之地。又得江南珍木奇石，列于庭际。"① 李德裕的园林能出现这种现象，与他官居相位、权势显赫有着莫大的关联。稍晚于李德裕的康骈在《剧谈录》中写道："初，德裕之营平泉也，远方之人多以土产异物奉之。故数年之间，无物不有。时文人有题平泉诗者：'陇右诸侯供语鸟，日照太守送花钱。'威势之使人也。"② 各地的地方官竞相奉献各式花、木、草药、水生植物、奇石等异物，他都将之一一置诸园内，故有"天下奇花异草、珍松怪石，靡不毕致"③ 之效果。不

---

① ［唐］李德裕：《李卫公会昌一品集》别集卷九《平泉山居诫子孙记》，中华书局，1985 年，第 231 页。

② ［唐］康骈：《剧谈录》，古典文学出版社，1958 年，第 64 页。

③ ［宋］张泊：《贾氏谈录》，四库全书本，上海古籍出版社，1987 年。另外，胡司德认为："动物是权力的对象和媒介。追求政治霸权和统治地位的民族，向来用鹰、狮、龙等鸷禽猛兽的形象来装饰旗帜、盔甲和徽章。更重要的是，对动物资源的开发利用，有史以来就是社会政治权力的一项功业。象征性地占有野兽、支配动物，也是统治权的题中之义……收罗野生动物以备观赏，是文明优越性的标志之一。文明人向往秩序，同时又渴望展览野趣、陈列异国风情，公园和动物园（现代博物馆也在内）就把这两种意识结合起来了。既然动物代表着异类、外族、怪种、非人，通晓动物知识，控制动物世界，就都成了政治权力、智力优越性和社会宗教性支配性的显著标志。"见《古代中国的动物与灵异》，第 5 页。陆威仪（Mark Edward Lewis）认为帝制时代的苑囿是吞吐宇宙的君王最为形象可感的写照，是笼罩万有的天在地上的影子，参考 Mark Edward Lewis, Sanctioned Violence in Early China. Albany：State University of New York Press, 1990，pp. 152.

过，即便是这样，相较早期的苑囿，平泉山居所收纳异物的来源
地的覆盖面还是有所缩减，其中较大部分在辖地之内，并且相当
大一部分来源于江南。①

　　众所周知，中古时期出现了大量的南方异物志，这些异物
志大抵都是记载长江流域以南的异物。对于这种现象的解释，
王庸认为这类异物志所记多草木禽兽以及矿物之属之异于中原
者，而间附以故事神话，是当时北方士民南移之一种反映也。②
胡宝国认为王庸的解释不够恰当，异物志最早出现在东汉时期，
地域是在荆扬以南的交、广等地区，而在当时并没有大量北方士
民南移的情况发生。在四通八达的地区难以找到一般人没见过的
异物，所以欲求异物，只能把目光集中到人迹罕至而又物种丰富
的南方偏远地区。这些地区不要说对于北方士民，就是对于荆扬
地区的南方士民来说，也是陌生的。③ 有意思的是，对于远方异
物的记载与想象似乎并不是汉末才出现。胡宝国也提出，从渊源
上讲，异物志与早于汉代图经地志的《山海经》及模仿《山海
经》的《神异经》《十洲记》存在继承关系。他还解释道，《山海
经》作于战国时代，隔了许久忽然受到重视，与汉晋时期求异的
风气有关。④

　　但是，如若我们把视线拉长，就会发现这种对异物的兴趣在

　　①　"又得江南珍木奇石，列于庭际。"见《李卫公会昌一品集》别集卷九《平泉
山居诫子孙记》，第231页。此外《平泉山居草木记》对园中的草木、奇石的来源地
有详细的记载，见《李卫公会昌一品集》别集卷九《平泉山居草木记》，第232页。
　　②　王庸：《中国地理学史》，商务印书馆，1956年，第133、141页。
　　③④　胡宝国：《魏晋南北朝时期的州郡地志》，《中国史研究》2001年第4期；
胡宝国：《汉唐间史学的发展》，北京大学出版社，2014年，第147～172页。

早期社会中并没有发生过断裂。在汉代以前，来自东北地区的齐、赵和燕的方士游行各地，广泛传播有关东海中蓬莱仙岛的神话。作为他们频繁活动的一个结果：人们对不死之地的求索也多是指向东方。[①] 之后，西汉初年到西汉中期的人们开始越来越注意西方，这很明显与汉王朝在西域的经营互为因果。[②] 东汉末年开始，受制于北方戎狄的军事势力，北方汉民族的开发重点开始转向之前人迹罕至而又物种丰富的南方。并且，在山水地志取代了异物志的中心地位的晋宋时期之后，唐代其实还有诸如沈如筠《异物志》、孟管《岭南异物志》、房千里《南方异物志》、刘恂《岭表录异》之类的专著出现。[③] 而且，山水地志的出现也很难与人们求异的兴趣脱离开来。以山水诗文著称的谢灵运本身就是一个"怀杂（新）道转回，寻异景不延"[④] 的猎奇者。以及前文中，我们也提到了唐代山水文人对奇异风景的热爱，例如王维"玩奇不觉远"[⑤]，以及"韩愈好奇，与客登华山绝峰，度不可返，乃作遗书，发狂恸哭，华阴令百计取之，乃下"[⑥]。基于这种背景，笔者认为，古人对于异物的兴趣远比史学渊源上的表现

---

① 顾颉刚：《汉代学术史略》，亚细亚书局，1935 年，第 9～12 页；顾颉刚：《五德终始说下的政治和历史》，载顾颉刚编著：《古史辨》第五册，上海古籍出版社，1982 年，第 404～617 页。

② 鲍吾刚（Wolfgang Bauer）认为在古代中国人心目中，遥远的东方和西方被认为是长生不老的神仙之地和避难之所。见〔德〕鲍吾刚著，严蓓雯、韩雪临、吴祖德译：《中国人的幸福观》，江苏人民出版社，2004 年，第 104～110 页。

③ 参考王晶波：《汉唐间已佚〈异物志〉考述》，《北京大学学报》2000 年第 S1 期。王晶波原文没有列举《岭表录异》。

④ 《谢灵运集校注》，第 83～85 页。

⑤ 《王维集校注》卷五《蓝田山石门精舍》，第 460 页。

⑥ 《唐国史补》卷中，第 38 页。

来得久远且强烈。再者，异物志的书写未必是士民迁入之后的成果，从地理背景上来说，很有可能是"开发"欲望驱动下的"变异为常"的殖民心理的外化。[①] 这种心理，我们还能从平泉山庄移缩地貌的记载中找到旁证，"平泉庄去洛城三十里，卉木台榭，若造仙府。有虚槛，前引泉水，萦回穿凿，像巴峡洞庭十二峰九派迄于海门江山景物之状"[②]。这与皇家苑囿移缩地貌的传统相一致。这种"情存远略，志辟四方"，混一六合的大一统情怀，一直都流淌在汉族文人的血液中。当边缘很明确地处于面前，觉察到的人，尤其是那些行走在边缘的人（例如贬官、使臣和远戍边将等），会产生明确的需求，来标榜自身与蛮荒的不同、中心与边缘的不同，通过这种"区分"来加强自身的来自中心地区的文化身份认同。所以，书写异物就成了"边缘效应"的一个表象——通过掌握书面文字而实现对文化的传统控制。

魏乐博（Robert P. Weller）认为中国的自然概念存在多样

---

① 董恺忱认为，从东汉到南北朝时期，记述中原以外地区物产和风土人情的"志""状""记"一类著作成为一时之风气的背景主要有两方面原因：一是自秦汉统一以来，各地区、各民族文化交流日益频繁，二是东汉以来中原以外地区开发进程的加快。在这种背景下，中原人产生了增加对中原以外地区了解的强烈愿望，而中原人对中原以外地区的知识也在逐步积累之中。只有在这种情况下，才有可能产生这类志录类著作。参考卢嘉锡总主编，董恺忱等主编：《中国科学技术史·农学卷》，科学出版社，2000年，第199页。郑毓瑜认为，我们看到的魏晋之前汉赋所呈现的自然图像，比如司马相如的《上林赋》、班固的《两都赋》或扬雄的《甘泉赋》，是字里行间挤满了各地的珍禽异兽、名物特产。这些花草鸟兽不管是否全属实情，或半夹传闻，它们呈现的目的，可说是"体国经野"，实在替帝国的荣光作见证。参考郑毓瑜：《归返的回音——地理论述与家国想象》，载郑毓瑜：《性别与家国：汉晋辞赋的楚骚论述》，上海三联书店，2006年，第55～114页。

② 《剧谈录》卷下《李相国宅》，第34页。

化的现象，其中帝制权力从中心向下拓展的村庄层级结构的朝贡体制，与包括了社会、地理、认知意义上的边界在内的由非汉人地区构筑而成的有力边陲，是这个"社会生态系统"中最明显的两重结构。后者与对山川和其他中介空间的想象紧密结合在一起，除了对中心地区造成了暴力威胁外，更提供了一种权力的想象。①

如果我们从这个角度来考虑，就会发现古典园林中的"异物"也存在着对边地的想象的痕迹。② 例如，早期的"圃"就已经有了异物的记载："场人，掌国之场圃，而树之果蓏珍异之物，

①〔美〕魏乐博：《中国的多重全球化与自然概念的多样性》，载苏发祥、〔美〕郁丹主编：《中国宗教多元与生态可持续性发展研究》，学苑出版社，2013年，第3~20页。此外，美国汉学家薛爱华（Edward Hetzel Schafer，旧译爱德华·谢弗）认为舶来品的真实活力存在于生动活泼的想象的领域之内，正是由于赋予了外来物品以丰富的想象，我们才真正得到了享用舶来品的无穷乐趣。"'历史隐藏在智力所能企及的范围以外的地方，隐藏在我们无法猜度的物质客体之中。'一只西里伯斯的白鹦，一条撒马尔罕的小狗，一本摩揭陀的奇书，一剂占城的烈性药，等等——每一种东都可能以不同的方式引发唐朝人的想象力，从而改变唐朝的生活模式，而这些东西归根结底则是通过诗歌或者法令，或者短篇传奇，或者是某一次即位仪式而表现出来的。外来物品的生命在这些文字描述的资料中得到了更新和延续，形成了一种理想化了的形象，有时甚至当这些物品的物质形体消失之后也同样如此。体现在文字描述中的外来物品，最终也就成了一种柏拉图式的实体。我们知道，外来物品在最初进入文化落后的唐朝边境地区时，是很少具有这种理想化的形象的，它们在传播的过程中实现了理想化的形象，但是同时也失去了在原产地的大多数特性。"见〔美〕爱德华·谢弗著，吴玉贵译：《唐代的外来文明》，陕西师范大学出版社，2005年，第2、4页。

② 埃伦·迪萨纳亚克（Ellen Dissanayake）提出人类比其他任何物种更能够在非同寻常或超常之物，也就是超出普通的或正常惯例的事物之中发现吸引力。见〔美〕埃伦·迪萨纳亚克著，户晓辉译：《审美的人》，商务印书馆，2005年，第7、74~86页。

以时敛而藏之。凡祭祀、宾客，共其果蓏，享亦如之。"①

汉武帝时期的记载更多，譬如《三辅黄图》的记载：

汉武帝元鼎六年，破南越，起扶荔宫，以植所得奇草异木。菖蒲百本，山姜十本，甘蔗十二本，留求子十本，桂百本，蜜香指甲花百本。龙眼、荔枝、槟榔、橄榄、千岁子、甘橘，皆百余本。土本南北异宜，岁时多枯瘁。荔枝自交趾移植百株于庭，无一生者，连年犹移植不息。后数岁，偶得一株稍茂，终无华实。②

这种在长安建扶荔宫、种植南越奇草异木的尝试，即便遇到"岁时多枯瘁""无一生者"的情况，还连年移植不息的努力，没有强大的财力、人力以及背后权力的支撑，是难以为继的。此外，上林苑中也有"名果异树"二千余种，西域葡萄、安石榴、胡桃、苜蓿等即位列其中。彼时的珍禽异兽也不例外，《西都赋》有载："西郊则有上囿禁苑，林麓薮泽，陂池连乎蜀、汉，缭以周墙，四百余里，离宫别馆，三十六所，神池灵沼，往往而在。其中乃有九真之麟，大宛之马，黄支之犀，条枝之鸟。踰崐崘，约巨海，殊方异类，至三万里。"③汉大赋倾向夸耀皇权，但是其中明确列举出来的"九真之麟，大宛之马，黄支之犀，条枝之鸟"的记载应该是可信的。

到了隋代，《隋书·食货志》关于洛阳西苑的记载：

---

① 《周礼注疏》卷一六《场人》，第 250 页。

② 《三辅黄图》卷三《右北宫》，第 25～26 页。

③ ［宋］范晔撰，［唐］李贤等注：《后汉书》卷四〇《班固传》引《西都赋》，中华书局，1965 年，第 1338 页。

（隋炀帝）又于皂涧营显仁宫，苑囿连接，北至新安，南及飞山，西至渑池，周围数百里。课天下诸州，各贡草木花果，奇禽异兽于其中。开渠，引谷、洛水，自苑西入，而东注于洛。又自板渚引河，达于淮海，谓之御河。河畔筑御道，树以柳。①可见，显仁宫值得夸耀的除了苑囿的气派，也包括其中汇聚的奇草异木、珍禽异兽等。

除了西方的异物，对东方的想象也明显存在于园林之中，典型的如汉时"一湖三仙山"的模型，"揽沧海之汤汤，扬波涛于碣石，激神岳之嶈嶈，滥瀛洲与方壶，蓬莱起乎中央。于是灵草冬荣，神木丛生，岩峻崔崒，金石峥嵘"②。这种"一湖三仙山"的景观模型被后世继承了下来，一直延续到了清代皇家园林之中。

因此，从这个层面来看，李德裕的平泉山居实际就是一个很好的中央权力集聚所辖及边外之地的异物的案例。

当然，园林中的"异物"也有其他的根源。李德裕《平泉山居草木记》为自己辩护道："学《诗》者多识草木之名，为《骚》者必尽荪荃之美。"③ 除了儒家传统的博物观和《离骚》香草比德之类的思想，从王维的《为相国王公紫芝木瓜赞》中还可以看到一种天人感应说的解释："孝悌之至，通于神明，天为之降和，地为之嘉植，发书占之，推理可得。何者？人心本于元气，元气

---

① ［唐］魏徵、［唐］令狐德棻：《隋书》卷二四《食货志》，中华书局，1973年，第686页。

② 《后汉书》卷四〇《班固传》引《西都赋》，第1342页。

③ 《李卫公会昌一品集》别集卷九《平泉山居草木记》，第232页。

被于造物，心善者气应，气应者物美，故呈祥于鱼鸟，或发挥于草木，示神明之阴隲，与天地之嘉会。"① 这样，与众不同的异物同"祥瑞"一样，与君子超群的德行连接在了一起。这种思想与对仙界的想象是一致的。仙界中总是充斥着各类奇花异卉之类，诸如"悬圃"，昆仑山顶的神仙居处、黄帝之下都。《山海经》《淮南子》等书记载，悬圃之下有山，凡人一旦登上了此山，即可马上成仙而长生不死。② 这些异物的作用区别了仙界与人间的不同，对仙界的想象超越了凡俗的限制。魏晋时期的士人在宗教心理的驱动下，探索神秘地理的风气很浓厚。这也是彼时山水再发现与宗教内向性超越的一个时代背景。③ 这与胡宝国所说的异物志的书写源于宗教因素驱动下的求异心理相一致。可是，这

---

① 《王维集校注》卷一一《为相国王公紫芝木瓜讚》，第 1101～1102 页。

② 《山海经·西次三经·槐江山》："槐江之山，丘时之水出焉，而北流注于泑水。其上多嬴母，其土多青雄黄，多藏琅玕、黄金、玉，其阳多丹粟，其阴多采黄金银，实惟帝之平圃。神英招司之……南望昆仑，其光熊熊，其气魂魄。"郭璞注："（平圃）即玄圃也。"见《山海经校注》卷二《西次三经·槐江山》，第 45～46 页。《穆天子传汇校集释》卷二："春山之泽，清水出泉，温和无风，飞鸟百兽之所饮食，先王所谓县圃。天子于是得玉荣，枝斯之英。'春山，有百兽之所聚也，飞鸟之所栖也'，爰有口兽，食虎豹，如麇，而载骨盘口如麇，小头大鼻。爰有赤豹白虎、熊罴豺狼、野马野牛、山羊野豕。爰有白鵻青雕，执犬羊，食豕鹿。曰天子五日观于春山之上，乃为铭迹于县圃之上，以诏厚世。"见王贻梁、陈建敏：《穆天子传汇校集释》，华东师范大学出版社，1994 年，第 110 页。《楚辞补注》卷一《离骚》："驷玉虬以乘鹥兮，溘埃风余上征。朝发轫于苍梧兮，夕余至乎县圃。"王逸注："县圃，神山，在昆仑之上。《淮南子》曰：昆仑县圃，维绝，乃通天。言已朝发帝舜之居，夕至县圃之上，受道圣王，而登神明之山。县，一作悬。"见 ［宋］洪兴祖：《楚辞补注》卷一《离骚》，中华书局，1983 年，第 25～26 页。

③ 参考杨儒宾：《"山水"是怎么发现的——"玄化山水"析论》，《台大中文学报》2009 年第 30 期，第 209～254 页；李丰楙：《洞天与内景：公元二至五世纪江南道教的内向游观》，载《体现自然：意象与文化实践》，第 37～80 页。

也会让我们进一步追问，这种求异心理又是为何呢？如果参考此时士人对仙界的想象与对异物的情怀，异物志所涵盖的心理是否也具有力图超越日常空间限制的意味？而这种超越限制的心理与突破地理禁限的"情存远略，志辟四方"是否也是内外一体？[①]

简而言之，汉民族未必是已经挺进了这些化外之地，才会对边地发生异质性的想象。边地异物元素的出现也并非凭空而来，有其地理接触的背景，并且在帝国经略越是明显时，这种对抗性的力量就会将文化的异质性想象在中心地区中突显得越为明显。

既然园林景物的容纳度与政治权力成正相关，那么我们就不会惊讶于皇族高官的园林中关于异物的高频记载，例如《关中胜迹图志》记有：

---

① "动物与它栖身的土壤也罢，地域也罢，既结为物质上的整体，又结为精神上、道德上的整体——这就是二者关系的特点。这是社会生物学的秩序，哪个君王能广采殊方异域的鸟兽并驱之入圃，还能博收鸟兽贡品以形成制度，他就超越了这套秩序，从而对实权所不及的治区外区域确立象征性控制。""圣主贤君统治世界，靠的是道德教化，而不是肉体征服。这套社会政治理想，同样表现在治理蛮夷的相关论述中，原因在于大家认为蛮夷与鸟兽是最亲近的亲属。"见《古代中国的动物与灵异》，第8～9页。灵异，超自然之义；"地理秩序的常规，是人和动物都划地而居，不得越界。一旦出格，主客双方——也就是人和动物——就同时被授予真实的权力和象征性的权力"。见《古代中国的动物与灵异》，第142～143页。"据司马迁记载，商代暴君纣王不仅徒手和野兽相搏，其暴虐无礼还表现在'益收狗马奇物，充仞宫室。益广沙丘苑台，多取野兽蜚鸟置其中'。还有一条记载，说武王伐商时擒获了大量野兽，有虎、猫、犀、牦、熊、罴、豕、貉、麈，还有成群麇鹿。这次征伐以祭祀告终，武王用五百头牛祭天，祭后稷，用羊、豕近三千头祭百神。君王观赏珍禽异兽，猎捕殊方异物，把它们用来供祭，都象征权力的远征，这一点从描写周穆王西巡的故事看得最清楚。"见《古代中国的动物与灵异》，第144页。

唐宁王山池院引兴庆水西流，疏凿屈曲，连环为九曲池。上筑土为基，垒石为山，植松柏，有落猿岩，栖龙岫，奇石异木，珍禽怪兽。又有鹤洲仙渚，殿宇相连，左沧浪，右临漪，王与宫人、宾客饮宴弋钓其中。[①]

于是乎，皇家苑囿与贵族上层的私人园林成了一种类似于地区文化陈列馆之类的想象力载体，其中的异物便是异质文化的符号，指示了待开发的潜质，也是超越了凡俗生存空间限制的权力想象的象征。

黑格尔认为审美活动是一种灵魂的解放，一种用以摆脱一切压抑和限制的过程，"我们在艺术美里所欣赏的正是创作和形象塑造的自由性。无论是创作还是欣赏艺术形象，我们都好像逃脱了法则和规律的束缚"[②]。艺术的宗旨并非生存，而是超越，超越了动物的生存本能，屹立于高处。这同时也是文人园林诗中"闲"字高频出现的原因，例如，陶渊明的"闲居"与"闲情"。

谢灵运曾经在《田南树园激流植援》中写道："樵隐俱在山，由来事不同。不同非一事，养疴亦园中。"[③] 他把自己"在山"的理由界定为"养疴"，拉开了后世的园林"享乐养身说"

---

① ［清］毕沅：《关中胜迹图志》卷六《九曲池》，三秦出版社，2004 年，第208 页。

② 〔德〕黑格尔著，朱光潜译：《美学》第一卷，商务印书馆，1981 年，第8 页。

③ 《谢灵运集校注》，第 114～116 页。

的序幕。① 而在这里，谢灵运则表达出了一种对于樵隐身份界定不明的焦虑。萧子显在《南齐书·高逸传》序言中提出了一个观点："含贞养素，文以艺业。不然，与樵者之在山，何殊别哉?"② 强调"文"对于区分身份的重要性的同时，也指出了群体焦虑感的存在。

农隐之间的重叠、粘着的部分在陶渊明的身上表现得更为明显，但是陶渊明似乎没有谢灵运那么重的贵族包袱，他在《庚戌岁九月中于西田获早稻》中坦诚道：

> 人生归有道，衣食固其端。孰是都不营，而以求自安！开春理常业，岁功聊可观。晨出肆微勤，日入负禾还。山中饶霜露，风气亦先寒。田家岂不苦？弗获辞此难；四体诚乃疲，庶无异患干。盥濯息檐下，斗酒散襟颜。遥遥沮溺心，千载乃相关。但愿长如此，躬耕非所叹。③

人生之道，衣食是为基础。那么，为了营生，务农就成了不得不为的事情。不过陶渊明并没有显得很为难，他不但坦诚了自己务农的事实，还将自己躬耕的行为上溯到了沮溺这个源头，试

① 诸如，孟浩然《春晚题远上人南亭》："给园支遁隐，虚寂养身和。"见［唐］孟浩然著，佟培基笺注：《孟浩然诗集笺注》卷上《春晚题远上人南亭》，上海古籍出版社，2000 年，第 91 页。王建《题金家竹溪》："少年因病离天仗，乞得归家自养身。"见《全唐诗》卷三〇〇《题金家竹溪》，第 3404 页。姚合《武功县中作三十首（其二）》："养身成好事，此外更空虚。"见《姚合诗集校注》卷五《武功县中作三十首（其二）》，第 244 页。蒋防《题杜宾客新丰里幽居》："调护心常在，山林意有余。"见《全唐诗》卷五〇七《题杜宾客新丰里幽居》，第 5761 页。

② ［南朝梁］萧子显：《南齐书》卷五四《高逸传》，中华书局，1972 年，第 925～926 页。

③ 《陶渊明集》卷三《庚戌岁九月中于西田获早稻》，第 84 页。

图在精神上化解掉身体疲劳之苦，甚至在最后还感慨"但愿长如此"。《扇上画赞》在此基础上又进了一步："辽辽沮溺，耦耕自欣，入鸟不骇，杂兽斯群。"① 一反孔子关于"鸟兽不可与同群"的论断。② 但是，希望做到"入鸟不骇，杂兽斯群"的陶渊明并没有，也不可能放弃自己的文人身份。他在《饮酒二十首（其九）》中写下"青松在东园，众草没其姿"，但是草类是没法真正掩盖青松的，一旦"凝霜殄异类"，就能"卓然见高枝"。③ "闲"是他作为"青松"的标志，即不同于农樵的隐士身份的标识。这里所谓的"闲"，就是从直接的实用功利活动中暂时摆脱出来。④ 北宋黄彻认为陶渊明和农人的不同在于："尧舜之道，即田夫野人所共乐者，惟贤者知之耳。"⑤ 陶渊明等人的"闲"就是文人多于农人谋生的那个部分。而这份文人贤士才能觉察到的"尧舜之乐"的意识自觉，则是文人园林脱胎于农庄生活的先决条件。

---

① 《陶渊明集》卷六《扇上画赞》，第176～177页。

② 《论语集释》卷三六《微子》，第1267～1270页。相反，道家却认为"禽兽可系羁而游"。见《庄子集释·马蹄》，第334～336页。人窥鸟巢，而鸟不受惊扰，相关描写又见［汉］刘安著，刘文典集解：《淮南鸿烈集解》卷一三《泛论训》，中华书局，1989年，第421页；［战国］文子著，李定生等校释：《文子校释》卷一二《上礼》，上海古籍出版社，2004年，第460页；［汉］郑玄注，［唐］孔颖达等正义：《礼记正义》卷二二《礼运》，上海古籍出版社，1990年，第435页；［春秋］孔子著，［三国魏］王肃注，〔日〕太宰纯增注：《孔子家语》卷七《礼运》，上海古籍出版社，2019年，第268页；［战国］荀子著，［清］王先谦集解：《荀子集解》卷二〇《哀公》，中华书局，2012年，第525页；［战国］鹖冠子著，黄怀信校注：《鹖冠子校注》卷下《备知》，中华书局，2014年，第2931页。

③ 《陶渊明集》卷三《饮酒二十首（其九）》，第91页。"渊明诗文率皆纪实，虽寓兴花竹间亦然"，"其《饮酒诗》……所谓孤松者是已，此意盖以自况也"。见［宋］洪迈撰，穆公校点：《容斋随笔》，上海古籍出版社，2015年，第377页。

④ 叶朗：《欲罢不能》，黑龙江人民出版社，2004年，第232页。

⑤ ［宋］黄彻：《䂬溪诗话》卷二，四库全书本，上海古籍出版社，1987年。

文人园林从一开始就带有了"超越性"的文化特征。

因为经济、政治等条件的不同，"超越性"的表现形式也有很大的不同。中唐之后，随着中央地理空间扩张进程的减缓，文人阶层以及文人园林的崛起，文人园林带有内省性文化想象的"超越"，逐渐取代了贵族园林用"异物"标识的权力想象的"空间性超越"。① 从外部走向内心，或许是此类"异物"在后世园林中逐渐消逝的部分原因。②

---

① 徐复观认为艺术中的超越，不应当是形而上学的超越，而应当是"即自的超越"。所谓即自的超越，是即每一感觉世界中的事物自身，而看出其超越的意味。落实了说，也就是在事物的自身发现第二的新的事物。从事物中超越上去，再落下来而加以肯定的，必然是第二的新的事物。见《中国艺术精神》，第62页。由于审美的感知量等于刺激量加上感知的主客观条件，因此观赏者在审美时并不是孤立地去把握每一根线条、每一个词或每一个细节，而是整体把握艺术形象的基本特征和风格。通过选择和简化，作为物理量的刺激量即便减少了，作为心理量的感知量却能极大地丰富。所以，园林大可不必展现完全的景观，简化了的景观可用触发想象的事物作为开启神游的诱导因子，即可。视力所限的小尺度景色与空间留白，都可以转换为无限的情思。此即为后世的内省性超越。因此，从这个层面来说，前文辋川别业边界不明的状态部分还因为王维发挥了艺术想象力，用虚构手法将辋川的现实状态与超现实的世界联系起来。参考〔日〕入谷仙介：《辋川》，载〔日〕入谷仙介著，卢燕平译：《王维研究》，中华书局，2005年，第220～256页。

② 准确地说，"异物"并没有消失，而是指涉内容出现了转移。在宋以后的记载中，"异物"一词大多不再具有前世珍奇方物的意涵，而是指培育或变异而成的具有新形态的植物品种之类，或者志怪小说中的妖魔鬼怪等。例如，王庭圭《次韵胡邦衡衡阳县瑞竹堂》："双茎非别种，异物出时方。"见北京大学古文献研究所编：《全宋诗》第二十五册卷一四五九《次韵胡邦衡衡阳县瑞竹堂》，北京大学出版社，1991年，第16768页。卫宗武《是岁之夏，紫芝复生成丛大者，径七八寸》："异物不易遇，其出由地灵。"见〔宋〕卫宗武：《秋声集》卷一，四库全书本，上海古籍出版社，1987年。向子諲《西江月（其六）•老妻生日，因取芝林中所产异物，作是词以侑觞》："几见芙蓉并蒂，忽生三秀灵芝。千年老树出孙枝，岩桂秋来满地。白鹤云间翔舞，绿龟叶上游戏。齐眉偕老更何疑，个里自非尘世。"见〔宋〕向子諲：《酒边词》，杂志公司，1936年，第11页。柯律格指出，在郑和下西洋所引领的物种交流的刺激下，明中后期的园林植物品种也出现了一次经济作物被异域作物替代的现象，参考 Fruitful Sites：Garden Culture in Ming Dynasty China. pp. 72.

需要提及的是，这种"超越性"并非中国园林特有的现象。庞贝古城的考古发现证明，庞贝贵族宅邸的庭院壁画一般都是以自然为背景。在罗马共和国末期，随着园艺的日益流行，室内装饰也出现了以花鸟树木等自然风景为主题的庭院壁画。这些庭院壁画上蔚蓝的天空，各种花鸟树木，喷泉或雕像等装饰物，在封闭空间内营造出了开阔敞亮的视知觉，让人们仿佛真的置身于大自然当中。[①] 虽然西方艺术惯用视知觉来达到"超越"的方式与中国园林有明显的不同，但是用有限来突破有限，却是作为艺术表现形式之一的园林所共有的特性。

第二节　南部：地理空间的极限

岭南异物志的书写在汉末魏晋时期就已经出现，但是这块地区并未被立即纳入汉文化体系。通常，官方对待直接统治地区往往以积极开展舆图学与地理学活动来实现。但是在唐前期，这种活动覆盖的范围还未突破长江流域和浙江地区，州郡地理志中也不包括南越地区。[②]

即便如此，岭南作为唐王朝重要经略的地区，重点开发的痕迹还是很明显。就流民的角度来看，唐代流人所在岭南最北部的桂州距京城 3 705 里，最南部的骥州距京城 6 875 里，远远超出

[①]　参考 2016 年 7 月 9 日—10 月 9 日上海环球港博物馆"庞贝末日"考古文化展。
[②]　〔美〕薛爱华著，程章灿、叶蕾蕾译：《朱雀：唐代的南方意象》，三联书店，2014 年，第 296 页。

了唐律三流（三千里）所规定的流放里程，因此从地域来看岭南是不折不扣的边州。① 然而，"唐代为中国历史上贬流之人产生的高峰时期，而岭南则系唐代发遣贬流者的主要地区"②。

"边州"在认知上最典型的表现就是北方精英文人对南方蛮荒瘴疠之地的嫌恶。《逾岭峤止荒陬抵高要》记曰："南标铜柱限荒徼，五岭从兹穷险艰。衡山截断炎方北，回雁峰南瘴烟黑。"③李绅认为衡阳以南地区的生态环境很恶劣。对此，夏炎对大雁在南方越冬地的变迁进行过研究，认为从魏晋至于初唐的"雁止彭蠡"，到元稹、杜荀鹤等文人笔下的"雁止衡阳"，再到代宗时岭南节度使徐浩奏记载的岭南地区雁活动的记录，以及前两个观念的被推翻，表征了北方文化圈南部边界的变迁过程。④ 这同时也是南方文化圈的南退过程。所以，本书涉及的南部文化圈并不局限于岭南，还包括湖南南部的部分地区，并且边界线上的湘南还将是本节讨论的重点。

与此同时，嫌恶岭南的文人对江南地区的表达却常常带着美好梦幻的文笔，有如杜荀鹤《送友游吴越》："去越从吴过，吴疆与越连。有园多种橘，无水不生莲。夜市桥边火，春风寺外船。

----

① 王雪玲：《两〈唐书〉所见流人的地域分布及其特征》，《中国历史地理论丛》2002 年第 4 期。

② 古永继：《唐代岭南地区的贬流之人》，《学术研究》1998 年第 8 期。

③ 《全唐诗》卷四八一《逾岭峤止荒陬抵高要》，第 5463～5464 页。

④ 夏炎：《"附会"与"诉求"：环境史视野下的古代雁形象再探》，《青海民族研究》2014 年第 3 期。关于南部的感觉文化区的研究，还可以参考张伟然：《中古文学的地理意象》，中华书局，2014 年，第 11～19 页。

此中偏重客，君去必经年。"① 以及《送人游吴》："君到姑苏见，
人家尽枕河。古宫闲地少，水港小桥多。夜市卖菱藕，春船载绮
罗。遥知未眠月，乡思在渔歌。"② 江南以"古宫闲地少，水港
小桥多"的形象出现，橘代表的是江南田园的土产，而莲是此
地的水生特产，以及"夜市卖菱藕"等画面，折射出的是杜荀
鹤对农业开发基础上的人文景观的喜闻乐见。并且，这一时期
以"江南曲""江南春""梦江南""思江南""望江南""忆江
南""满江南""江南柳"等为名的诗题和词牌，都给帝国中南
部的江南营造了梦幻的意境。此外，唐、五代南越的女子也已
进入了文学领域，华南虽与古越国同称为"越"，女子亦同名
为"越女"，但是实际形象却完全不同：古越国的女子唯美，
而南越女子强悍、粗鄙，形象反差鲜明。③ 这样，南部与江南
的区别与对立就被展示得非常明显。这种意境的不同与开发的强
弱是成正相关的。

　　中唐南迁的官员中，道州刺史元结较早记录了湖南南部的山
水之"异"。道州位于南楚之表，"僻在岭隅，其实边裔"，"地居
越徼，俗兼蛮猱"，"与五岭接界，大抵炎热，元无瘴气"④，属
于典型的汉文化区与岭南文化区的过渡地带。元结早年曾避乱隐

---

　　① ［唐］杜荀鹤：《杜荀鹤诗》卷上《送友游吴越》，中华书局，1959 年，第 28
页。

　　② 《杜荀鹤诗》卷上《送人游吴》，第 27 页。

　　③ 邓稳：《"越女"形象演变考论》，《中国文学研究》2014 年第 1 期。

　　④ 分别见 ［唐］元结：《元次山集》卷九《举处士张季秀状》，中华书局，1960
年，第 134～135 页；［宋］掌禹锡：《道州郡厅记》，载曾枣庄等主编：《全宋文》第
十册卷三九四《道州郡厅记》，巴蜀书社，1990 年，第 124～125 页；《太平寰宇记》
卷一一六《江南西道·道州》，第 2342 页。

居，道家思想比较明显，自号猗玕子。① 元结在《自释》一文中用了很长的篇幅来表示对自己"与世聱牙"的身份认同，"不从听于时俗，不鉤加于当世"②，并且安于这种状态。他的《恶圆之士歌》也表达了相似的思想："宁方为皂，不圆为卿。宁方为污辱，不圆为显荣。"③ 性格如此耿介的元结，写出独树一帜的文章似乎也在情理之中。

的确，元结的诗文除了用语直率外④，还多聚焦在水景与怪石营构的小视域，如《宿洄溪翁宅》《游右溪劝学者》《宴湖上亭

---

① 元结也写了不少含有道教意味的诗歌。如，《宿无为观》："九疑山深几千里，峰谷崎岖人不到。山中旧有仙姥家，十里飞泉绕丹灶。如今道士三四人，茹芝炼玉学轻身。霓裳羽盖傍临壑，飘飘似欲来云鹤。"见《元次山集》卷三《宿无为观》，第 36 页。《橘井》："灵橘无根井有泉，世间如梦又千年。乡园不见重归鹤，姓字今为第几仙。风冷露坛人悄悄，地闲荒径草绵绵。如何蹑得苏君迹，白日霓旌拥上天。"见《元次山集》卷三《橘井》，第 47 页。《登九疑第二峰》："九疑第二峰，其上有仙坛。杉松映飞泉，苍苍在云端。何人居此处，云是鲁女冠。不知几百岁，宴坐饵金丹。相传羽化时，云鹤满峰峦。妇中有高人，相望空长叹。"见《元次山集》卷三《登九疑第二峰》，第 36 页。

② 《新唐书》卷一四三《元结传》，第 4685 页。

③ 《元次山集》卷五《恶圆》，第 66 页。

④ "元次山诗，镵刻直奥，有异趣，有奇响，在盛唐中自为调。不读此，不知古人无所不有；若掩其姓名以示俗人，决不以为盛唐人作矣。又云：不知者笑其稚朴，知者惊其奇险，当观其意法深老处。又云：只是一字不肯近人。"见［明］钟惺、［明］谭元春选评，张国光点校：《诗归》卷二三《盛唐十八》，湖北人民出版社，1985 年，第 457 页。"晋人诗能以真朴自立门户者，惟陶元亮一人。唐诗人能以真朴自立门户者，惟元次山一人。次山不惟不似唐人，并不似元亮。盖次山自有次山之真朴，此其所以自立门户也。"见［清］贺贻孙：《诗筏》，载郭绍虞选编，富寿荪校：《清诗话续编》，上海古籍出版社，1983 年，第 173 页。"次山诗自写胸次，不欲规模古人，而奇响逸趣，在唐人中另辟门仞，前人譬诸古钟磬不谐里耳，信然。"见［清］沈德潜编：《唐诗别裁集》卷三《元结》，中华书局，1975 年，第 40 页。

作》《引东泉作》《朝阳岩铭（并序）》等篇①，多次表达了自己对泉石的喜爱，并提出了"功名之伍，贵得茅土。林野之客，所耽水石"②的观点。

此外，他还热衷于为景点命名，如抔樽、抔湖、退谷、㝢尊、右溪、浯溪、峿台、㠌庼、寒泉等。他认为这些景色"殊怪相异，不可名状"③，但却"无人赏爱"，故而"为之怅然"④。"彼能异于此，安可不称显之。"⑤ 称显景物之"异"的方式之一，甚至是通过造异字来命名它们⑥，例如"浯""峿""㠌"等，并且尽可能地观察、记录物体之奇形怪状，例如《五如石铭（并序）》记载：

五如之石，何以为名。请悉状之，谁为我听。左如旋龙，低首回顾。右如惊鸿，张翅未去。前如饮虎，饮而蹲焉。后如怒龟，出洞登山。若坐于颠，石则如船。乘彼灵槎，在汉之间。洞井如凿，渊然泉涌。澄澜涵石，波起如动。不旌尤异，焉用为文。刻铭石上，于千万春。⑦

这种刻画形态的方法为稍后的韩孟学派所继承，韩愈的《南

<hr>

① 分别见《元次山集》卷三《宿洄溪翁宅》，第40页；《元次山集》卷三《游右溪劝学者》，第41页；《元次山集》卷三《宴湖上亭作》，第43页；《元次山集》卷三《引东泉作》，第43页；《元次山集》卷九《朝阳岩铭（并序）》，第143页。

② 《元次山集》卷一〇《㠌庼铭》，第153页。

③ 《元次山集》卷一〇《七泉铭（并序）》，第147页。

④ 《元次山集》卷一〇《右溪记》，第146页。

⑤⑦ 《元次山集》卷一〇《五如石铭（并序）》，第150页。

⑥ 段义孚认为命名是权力——称谓某物使之成形、使隐形事物鲜明可见、赋予事物某种特性的创造性力量。参考 Yi-Fu Tuan, Language and the Making of Place：A Narrative-Descriptive Approach. Annals of the Association of American Geographers，Vol. 81，No. 4，1991，pp. 684-696.

山诗》那种穷尽物象的书写方式在元结这里已经可以初见
端倪。①

称显的方式之二就是整理周围景观，如引泉、构亭阁、种松
种竹之类，用烘托的手法来实现赏石的目的。易言之，就是建造
园林，典型如《送谭山人归云阳序》记载：

> 吾于九疑之下赏爱泉石，今几三年。……今得云阳一峰，谭
> 子又在焉，彼真可家之者耶。子去为吾谋于牧犊。近峻公有泉石
> 老树，寿藤萦垂。水可灌田一区，火可烧种菽粟。近泉可为十数
> 间茅舍，所诣才通小船，则吾往而家矣。此邦舜祠之奇怪，阳华
> 之殊异，㴱泉之胜绝。见峻公与牧犊，当一一说之。松竹满庭，
> 水石满堂，石鱼负樽，凫舫运觞。②

元结理想的居住环境是泉水环绕，有农田营生，隔绝人世，
仅留水路可通行，有山峰可望，他在其他诗文中着墨甚多的泉石
老树、藤蔓萦垂、松竹水石，以及菽粟茅舍等，都汇聚而成庭院
的装饰，这就是他带有异物装饰的桃花源。这与他欣赏的"水石
之异者"③ 的宅居环境相一致。

---

① 吴相洲认为："元结的成功之作还是那些表现怪异情趣的山水诗，元结生
性喜爱奇山异水，许多诗文中都表达了他对奇山、异水、怪石的特别喜爱。他的诗
中也常常成功地描画山水之奇特与他对奇特的喜爱。这些山水诗不同于盛唐山水诗
的浑融流丽，而是从中寻求一种奇特的韵味。但由于他对山水情有独钟，因而写出
的诗又不同于杜甫的峭拔、柳宗元的孤清。元结这种追求怪异的特点直开韩孟诗
派。"见吴相洲：《论元结诗的特点及影响——兼论〈箧中集〉诸家的诗》，载王叔
磐主编：《北方民族文化遗产研究文集》，内蒙古教育出版社，1995 年，第 117～
126 页。

② 《元次山集》卷九《送谭山人归云阳序》，第 143 页。

③ 《元次山集》卷九《丹崖翁宅铭（并序）》，第 144 页。

在华南的自然环境背景下，元结对小视域之景物的描写明显带有幽静的意味，《游潓泉示泉上学者》曰："顾吾漫浪久，不欲有所拘。每到潓泉上，情性可安舒。草堂在山曲，澄澜涵阶除。松竹阴幽径，清源涌坐隅。筑塘列圃畦，引流灌时蔬。复在郊郭外，正堪静者居。惬心则自适，喜尚人或殊。此中若可安，不佩铜虎符。"① 元结在城郊的潓泉边建造的园林，除了位于山曲的草堂，铺设的幽径、台阶之外，还容纳了筑塘列圃、引泉灌蔬等农业实践。"情性安舒""惬心自适"，元结对自己选择、打造的静居环境很满意，这与白居易在庐山草堂的"外适内和，体宁心恬"的感慨相似，追求的是使内心安宁祥和的优美环境。

元结对华南这种环境的态度，可能与对仙界郁郁葱葱、深幽缥缈环境的想象有关联，他在《说洄溪招退者》中说："勿惮山深与地僻，罗浮尚有葛仙翁。"② 此外，《唐庼铭》序文中也有："浯溪之口有异石焉。高六十余丈，周回四十余步。西面在江中，东望峿台，北面临大渊，南枕浯溪。唐庼当乎石上，异木夹户，疏竹傍檐。瀛洲言无，由此可信。"③ 将唐庼的景致与瀛洲仙岛相媲美。即便是在湘南，元结也再一次展现了登高以接近仙境与用异物标示（人间）仙境的传统景观模式。

元结对道州的喜爱之情不断蓄积，在《九疑图记》中终于达

---

① 《元次山集》卷三《游潓泉示泉上学者》，第 42 页。
② 《元次山集》卷三《说洄溪招退者》，第 40 页。
③ 《元次山集》卷一○《唐庼铭》，第 153 页。

到了极致：

　　若度其高卑，比洞庭南海之岸，直上可二三百里，不知海内之山，如九疑者几焉。或曰："若然者，兹山何不列于五岳？"对曰："五帝之前，封疆尚隘。衡山作岳，已出荒服。今九疑之南，万里臣妾。国门东望，不见涯际。西行几万里，未尽边陲，当合以九疑为南岳，以昆仑为西岳。衡华之辈，听逸者占为山居，封君表作园囿耳。但苦当世议者拘限常情，牵引古制，不能有所改翔也。"①

　　元结指出在疆域拓展的背景下，早先的"五岳"已经不合时宜了。于是，提出"当合以九疑为南岳，以昆仑为西岳。衡华之辈，听逸者占为山居，封君表作园囿耳"的观点，为湖南南部的九疑山（九嶷山）正名。这不仅将山水地限的南界往南推，用九嶷山取代衡山，也将"寻奇"式的山水探寻活动推到了湘南——

　　① 《元次山集》卷九《九疑图记》，第141页。

最后一个可以被纳入这个活动的区域。[①] 有意义的是，元结的个
人活动产生的效应似乎超越了个体，宋时《舆地纪胜》记载：
"（元结）永泰中为刺史，当支吾日，不暇给时，犹搜览佳处，被

[①]　古籍中"衡山"所指的地点也发生过南移的现象，陈立柱、纪丹阳认为《禹
贡》中的"衡山"指的是皖西南之衡山，即今六安的霍山，而非湘南之衡山。此
"衡山"为"江淮走廊"的南端，地处中原文化区南部的边缘，也是古代中原国家南
进江南的主要通道，江汉地区与东南地区的交往也以此为据点。见陈立柱、纪丹阳：
《古代"衡山"地望与〈禹贡〉荆州范围综说》，《中国历史地理论丛》2011 年第 3
期。此外，西晋张载的《登成都白菟楼》有"西瞻岷山岭，嵯峨似荆巫"之句，以
及唐代李华的《贺遂员外药园小山池记》有"庭除有砥砺之材，础踬之璞，立而象
之衡巫"之句，分别提到了"荆巫"和"衡巫"两个地理名词。不过，"衡巫"一词
并不始于李华，南朝宋时颜延之在《始安郡还都与张湘州登巴陵城楼作诗》中就已
有了"江汉分楚望，衡巫莫南服"之句。"荆巫"指代荆山与巫山，"衡巫"所指的
则是衡山和巫山，这三座山都以雄奇著称。"荆巫"和"衡巫"这两个地理名词在中
古文人诗文中反复出现，常常用作山体与假山形态之美的衡量标准。"荆巫"与"衡
巫"强调的巫山属于山峡。山峡的两岸峰峦挺秀，山色如黛，云雾缭绕，自远古起
便激发着中国人宗教般的敬畏。位于四川境内的"巫山十二峰"最享盛名，可见出
版于 1889 年的《川行必读峡江图考》。荆山，晋桓玄《登荆山诗》曰："理不孤湛，
影比有津。曾是名岳，明秀超邻。器栖荒外，命驾响神。我之怀矣，巾驾飞轮。"见
逯钦立辑校：《先秦汉魏晋南北朝诗·晋诗》卷一四《登荆山诗》，中华书局，1983
年，第 933～934 页。衡山，《周礼·职方》曰："荆州其山镇曰衡山。"见《周礼注
疏》卷三三《职方氏》，第 498 页。晋庾阐诗曰："北眺衡山首，南睨五岭末。寂坐
挹虚恬，运目情四豁。翔虬凌九霄，陆鳞困濡沫。未体江湖悠，安识南溟阔。"见
《先秦汉魏晋南北朝诗·晋诗》卷一二《衡山诗》，第 874 页。联系夏炎《"附会"与
"诉求"：环境史视野下的古代雁形象再探》一文，可知巫山、荆山与衡山都曾处于
中原文化区的边缘。笔者据此推测，"荆巫"与"衡巫"因为山势的雄奇，可能是文
人"寻奇"式山水探险活动的文化产品，如柳宗元所言："大凡以观游名于代者，不
过视于一方，其或傍达左右，则以为特异。至若不骛远，不陵危，环山涧江，四出
如一，夸奇竞秀，咸不相让，遍行天下者，唯是得之。"见《柳河东集》卷二七《桂
州裴中丞作訾家洲亭记》，第 451～453 页。当然，这并不是结论，只是假设，需要
进一步研究和论证。

之诗歌。由是此邦山水甲天下。"①

　　元结是代宗任命的道州刺史，后又升任容州都督充本管经略守捉使，政绩颇丰。②此外，他信奉道教，从隐世到出世再回到隐居状态，是一位拥有主动选择权的半隐半仕式文人。他的身份、经历和思想都让他比较能接受，甚至是主动选择山居生活。③柳宗元与他不同，柳宗元官位更低，所处的位置也更靠

---

　　① ［宋］王象之：《舆地纪胜》卷五八《道州·风俗形胜》，四川大学出版社，2005 年，第 2189～2206 页。我们所熟知的"桂林山水甲天下"，被认为源自颜延之，他在宋文帝元嘉初年在桂林游玩之际，写下"未若独秀者，嵯峨郭邑开"。见《太平御览》卷四九《地部·西楚南越诸山·独秀山》，第 242 页。到了宋代，范成大有言："余尝评桂山之奇，宜为天下第一。"见［宋］范成大：《桂海虞衡志》，广西人民出版社，1986 年，第 5 页。南宋时，王正功《嘉泰改元桂林大比与计偕者十有一人九月十六日用故事行宴享之礼作是诗劝为之驾（其二）》中"桂林山水甲天下，玉碧罗青意可参"，首次提到了"桂林山水甲天下"。该诗是桂林独秀峰石碑拓文，见桂林市文物管理委员会内部选编：《桂林石刻》，2006 年，第 215 页。
　　② "元结，天宝之乱，自汝濆大率邻里，南投襄汉，保全者千余家。乃举义师宛叶之间，有婴城扞寇之功。"见《唐国史补》卷上，第 21 页。
　　③ 元结在诗文中多次提到对征战、官场的不堪忍受，以及对隐居生活的热爱。例如，《与瀼溪邻里》："昔年苦逆乱，举族来南奔。日行几十里，爱君此山村。"见《元次山集》卷二《与瀼溪邻里》，第 24 页。《游潓泉示学者》："此中若可安，不佩铜虎符。"见《元次山集》卷三《游潓泉示泉上学者》，第 42 页。《喻瀼溪乡旧游》："昔贤恶如此，所以辞公卿。贫穷老乡里，自休还力耕。况曾经逆乱，日厌闻战争。尤爱一溪水，而能存让名。终当来其滨，饮啄全此生。"见《元次山集》卷二《喻瀼溪乡旧游》，第 25 页。《喻旧部曲》："与之一杯酒，喻使烧戎服。……劝汝学全生，随我备退谷。"见《元次山集》卷二《喻旧部曲》，第 32 页。《喻常吾直》："劝为辞府主，从我游退谷。谷中有寒泉，为尔洗尘服。"见《元次山集》卷二《喻常吾直》，第 27 页。《漫问相里黄州》："公为两千石，我为山海客。志业岂不同，今已殊名迹。……漫问轩裳客。何如耕钓翁。"见《元次山集》卷二《漫问相里黄州》，第 27 页。《漫酬贾沔州（有序）》："劝尔莫作官，作官不益身。……人谁年八十，我已过其半。家中孤弱子，长子未及冠。且为儿童主，种药老溪涧。"见《元次山集》卷二《漫酬贾沔州（有序）》，第 31 页。《无为洞口作》："爱此踯躅不能去，令人悔作衣冠名。洞傍山僧皆学禅，无求无欲亦忘年。欲问其心不能问，我到山中得无闷。"见《元次山集》卷三《无为洞口作》，第 36 页。

南，更重要的是柳宗元本身是一位积极入世，却又遭受政治失意的被贬文官，甚至毫无北上的希望。

《新唐书·柳宗元传》记载：

贬永州司马。既窜斥，地又荒疠，因自放山泽间，其埋厄感郁，一寓诸文，仿《离骚》数十篇，……诟书言情曰：

……居蛮夷中久，惯习炎毒，昏眊重腿，意以为常。忽遇北风晨起，薄寒中体，则肌革惨懔，毛发萧条，瞿然注视，怵惕以为异候，意绪殆非中国人也。楚、越间声音特异，鴃舌啁噪，今听之恬然不怪，已与为类矣。家生小童，皆自然哓哓，昼夜满耳，闻北人言，则啼呼走匿，虽病夫亦怛然骇之。……用是更乐瘖默，与木石为徒，不复致意。①

永州尚在五岭之北的湖南南部，柳宗元却认为这里是蛮夷之地，居之日久，"意绪殆非中国人"。这是前文所说的"边缘效应"，处于边缘地区的中央文人对自身身份强烈感知，并通过"语言"等显性元素的不同来标榜自己与边缘文化的异质，以加强自身身份的认同。此外，同篇还有记载：

又诟京兆尹许孟容曰：

……自以得姓来二千五百年，代为冢嗣，今抱非常之罪，居夷獠之乡，……茕茕孤立，未有子息，荒陬中少士人女子，无与为婚，世亦不肯与罪人亲昵。……想田野道路，士女偏满，皂隶庸丐，皆得上父母丘墓，马医、夏畦之鬼，无不受子孙追养者。然此已息望，又何以云哉？城西有数顷田，树果数百株，多先人

___

① 《新唐书》卷一六八《柳宗元传》，第 5132～5233 页。

手自封植，今已荒秽，恐便斩伐，无复爱惜。家有赐书三千卷，尚在善和里旧宅，宅今三易主，书存亡不可知。……虽不敢望归扫茔域，退託先人之庐，以尽余齿，姑遂少北，益轻瘴疠，变婚娶，求胄嗣，有可付託，即冥然长辞，如得甘寝，无复恨矣！①

传统社会中人与土地的紧密联系，致使放逐成了最悲惨的命运。② 柳宗元很担心在这场文化拉锯战中被剥离掉自身的优势。他想起长安城的故园与田产，还特意提到了具有文化符号意义的书籍三千卷，可是现今这批书也"存亡不可知"，这种"见弃"的处境，与"家生小童"对"非中国人"的啴噪语言习以为常，甚至自己也听之不怪的现状，让柳宗元失望、愤懑，却又无可奈何。他希望能往北调职，离瘴疠之地远一些，也离中原文化圈更近一些，还借用了儒家的孝道与后嗣观念，希望能打动当权者。但是，很显然他未能如意。"更乐瘖默，与木石为徒"是柳宗元的排遣方式。事实上，这也是当时贬谪文人的主要排遣方式。而这种排遣方式也因为作者本人的文学表现为自己赢回了文化优势。③

柳宗元对湖南南部的高地胜境的描述，最有名的当是以"永州八记"为主的山水游记，《始得西山宴游记》记曰：

---

① 《新唐书》卷一六八《柳宗元传》，第 5134～5136 页。
② 《经验透视中的空间与地方》，第 147 页。
③ "当某件事或某个人被判定为'不得其所'，他们就是有所逾越。逾越就是指'越界'。'逾越'本身是一个空间概念，逾越的这条界线通常是一条地理界线，也是一条社会与文化的界线。"见《地方：记忆、想像与认同》，第 164 页。

自余为僇人，居是州，恒惴栗。其隙隟也，则施施而行，漫漫而游。日与其徒上高山，入深林，穷回溪，幽泉怪石，无远不到。……以为凡是州之山水有异态者，皆我有也，而未始知西山之怪特。……遂命仆人，过湘江，缘染溪，斫榛莽，焚茅筏，穷山之高而止。攀援而登，箕踞而遨，则凡数州之土壤，皆在衽席之下。其高下之势，岈然洼然，若垤若穴。尺寸千里，攒蹙累积，莫得遁隐。萦青缭白，外与天际，四望如一。然后知是山之特立，不与培塿为类；悠悠乎与颢气俱，而莫得其涯；洋洋乎与造物者游，而不知其所穷。引觞满酌，颓然就醉，不知日之入。苍然暮色，自远而至，至无所见而犹不欲归。心凝形释，与万化冥合。然后知吾向之未始游，游于是乎始。[①]

柳宗元遵循的是"是州之山水有异态者"为主的游玩方式，这与元结有相似之处，这既可以看作是中古寻奇游观传统的继承，也可以算作是湘南地区自然地貌的成全。"过湘江，缘染溪，斫榛莽，焚茅筏，穷山之高而止"，不禁让人想到谢灵运"好为山泽之游，穷幽极险，从者数百人，伐木开径；百姓惊扰，以为山贼"[②] 的记载。虽然柳宗元的随从规模小多了，也没有惊扰百姓，但是也能看出，他的行为与谢客一样都是属于涉入无人之境的探险。"穷山之高而止"才能箕踞而遨，有"会当凌绝顶，一览众山小"的观景效果。"箕踞"是放松腿，坐在一个固定的位置，所以只能是目游。而"目游"所得，"凡数州之土壤，皆在

---

①　《柳河东集》卷二九《始得西山宴游记》，第 470～471 页。

②　[宋] 司马光编著，[元] 胡三省音注：《资治通鉴》卷一二二《宋纪》，中华书局，1956 年，第 3850 页。

衽席之下"，高低平洼，重峦叠嶂，各式地貌，一览无余。于是
乎，他感到"悠悠乎与颢气俱，而莫得其涯；洋洋乎与造物者
游，而不知其所穷"。在此情此景下引觞满酌，颓然就醉，乐而
忘归，作者也就"心凝形释，与万化冥合"，这就实现了"神
游"。《始得西山宴游记》是"永州八记"首篇，总括了后文，也
为此后的游记提供了"西山"这个地理坐标原点。①

在这张坐标图上，柳宗元首先标记的是钴鉧潭的位置，《钴
鉧潭记》记载：

钴鉧潭在西山西。其始盖冉水自南奔注，抵山石，屈折东
流；其颠委势峻，荡击益暴，啮其涯，故旁广而中深，毕至石乃
止。流沫成轮，然后徐行。其清而平者且十亩余，有树环焉，有
泉悬焉。其上有居者，以予之亟游也，一旦款门来告曰："不胜
官租私券之委积，既芟山而更居，愿以潭上田贸财以缓祸。"予
乐而如其言。则崇其台，延其槛，行其泉于高者坠之潭，有声潈
然。尤与中秋观月为宜，于以见天之高，气之迥。孰使予乐居夷
而忘故土者，非兹潭也欤？②

钴鉧潭被柳宗元买了下来，建成了面积十余亩的小园林。此
地离西山尚近，以台槛为布局的重心，可以听飞泉坠落，以急促
转而平缓的水势取胜，有树、有石环绕四周，还可以在中秋之际
赏月，"以见天之高，气之迥"。随后，《钴鉧潭西小丘记》又拓

---

① "柳宗元的永州与柳州游记简洁明澈，显示了《水经注》等古代地理书的影
响，并对此后的南方游记产生了深远的影响。"见《中国文学中所表现的自然与自然
观——以魏晋南北朝文学为中心》，第453页。

② 《柳河东集》卷二九《钴鉧潭记》，第471～472页。

展了景区的边际：

> 潭西二十五步，当湍而浚者，为鱼梁。梁之上有丘焉，生竹树。其石之突怒偃蹇负土而出争为奇状者，殆不可数。其嵚然相累而下者，若牛马之饮于溪；其冲然角列而上者，若熊黑之登于山。丘之小不能一亩，可以笼而有之。问其主，曰："唐氏之弃地，货而不售。"问其价，曰："止四百。"余怜而售之。……即更取器用铲刈秽草，伐去恶木，烈火而焚之。嘉木立，美竹露，奇石显。由其中以望，则山之高，云之浮，溪之流，鸟兽之遨游，举熙熙然回巧献技，以效兹丘之下。枕席而卧，则清泠之状与目谋，瀯瀯之声与耳谋，悠然而虚者与神谋，渊然而静者与心谋。不匝旬而得异地者二，虽古好事之士，或未能至焉。噫！以兹丘之胜，致之沣、镐、鄠、杜，则贵游之士，争买者日增千金而愈不可得。今弃是州也，农夫渔父过而陋之，贾四百，连岁不能售。[①]

柳宗元低价买入的小丘原是弃地，需要刈草伐木来规划景色。除了嘉木美竹，当是以奇石取胜的景点。他着力摹写山石的千姿百态，与元结不惜笔墨刻画五如石之奇态，有异曲同工之效，这可能是中唐时期打破意象平衡的一个特色。[②] 接着括上一句"丘之小不能一亩，可以笼而有之"，小丘面积虽小，但景色俱全，仰观俯望都能满足，也与元结对小视域的欣赏

---

① 《柳河东集》卷二九《钴鉧潭西小丘记》，第 472～473 页。

② 《元次山集》卷一〇《五如石铭（并序）》，第 150 页。关于意象失衡的情况参考吴相洲：《论盛中唐诗人构思方式的转变对诗风新变的影响》，《首都师范大学学报（社会科学版）》1997 年第 3 期。

相似。

柳宗元对小丘的感情是"怜"，既是怜丘，也是自怜。此文可联系《小石城山记》的记载：

环之可上，望甚远，无土壤而生嘉树美箭，益奇而坚，其疏数偃仰，类智者所施设也。噫！吾疑造物者之有无久矣。及是愈以为诚有。又怪其不为之中州，而列是夷狄，更千百年不得一售其伎，是固劳而无用。神者傥不宜如是，则其果无乎？或曰：以慰夫贤而辱于此者。或曰：其气之灵，不为伟人，而独为是物，故楚之南少人而多石。是二者余未信之。①

柳宗元对小丘和小石城山的赞扬，与元结对九嶷山的情感有相似之处，都是从汉族文人偏爱的视角，对湘南奇异景物的肯定。② 不同之处是元结致力于将九嶷山纳入以五岳为典型的中央文化体系，柳宗元则在感情上对小丘、小石城山的归属表现出有些暧昧的拉扯：一方面，他认可小丘属于标准的中央文化圈所欣赏的客体，"致之沣、镐、鄠、杜，则贵游之士，争买者日增千金而愈不可得"；另一方面，他又推翻了前一点成立的前提条件，小丘与小石城山因为都不在"中州"，不在其位，故而也就不能突显其价值。这与九嶷山、小丘、小石城山的山体大小不同是有关系的，但联系柳宗元自身的遭遇，

---

① 《柳河东集》卷二九《小石城山记》，第476~477页。

② 柳宗元对南部山水的欣赏，并不仅限于湘南。《桂州裴中丞作訾家洲亭记》（《柳河东集》卷二七，第451~453页）等文章，也可以表现出他对岭南山水的肯定。从这点上来说，柳宗元所欣赏的地理空间范围是大过于元结的。

便能发现他对中央文化似有不满。① 这种不满，在《憎王孙文》
中表现得更为激烈。② 从《招隐士》中的"王孙兮归来！山中
兮不可以久留"③，到王维"随意春芳歇，王孙自可留"④，表
征了山水的开发与改良。但是到柳宗元时，他抛弃了"王孙"
此前的意涵及其故事脉络，转而借用王延寿用"王孙"指代
猴子的手法，双关贬称簪缨世家子弟，借代中央的掌权派。⑤
这自然与柳宗元的生活处境有关系，但也与他的阶层属性难

　　① "柳子自嘲，并以自矜。"见［明］茅坤：《唐宋八大家文钞》卷二六《柳州
文抄》，四库全书本，上海古籍出版社，1987 年。"柳宗元的山水记，是对于被遗弃
的土地之美的认识的不断的努力，这同他的传记文学在努力认识被遗弃的人们之美
是同样性质的东西。而且，由于柳宗元自己也是被遗弃的人，所以这种文学也就是
他的生活经验的反映，是一种强烈的抗议。强调被遗弃的山水之美的存在，也就是
等于强调了被遗弃人们的美的存在，换言之，即宗元自身之美的存在，伴随着这种
积极的抗议，其反面则依于自己的孤独感对这种与他的生涯颇为相似的被遗弃的山
水抱着特殊的亲切感，以及在这种美之中得到了某种安慰的感觉。"见〔日〕清水茂
著，华山译：《柳宗元的生活体验及其山水记》，《文史哲》1957 年第 4 期。
　　② 《柳河东集》卷一八《憎王孙文》，第 322～323 页。
　　③ 《楚辞集注》，第 167～169 页。
　　④ 《王维集校注》卷五《山居秋暝》，第 451 页。
　　⑤ 东汉王延寿的《王孙赋》："原天地之造化，实神伟之屈奇。道玄微以密
妙，信无物而弗为。有王孙之狡兽，形陋观而丑仪。颜状类乎老公，躯体似乎小
儿。"载《艺文类聚》卷九五《兽部・猕猴》，第 1653～1654 页。

以割裂。①

小丘之后的景点还在延伸，《至小丘西小石潭记》所记小石潭也是以水、石取胜的景点。有意思的是，该潭"全石以为底"应该是水尤清冽的原因。柳宗元还用了"日光下澈，影布石上"，以及泉水"斗折蛇行，明灭可见"作光影的描写。还有"不可知其源"赋予了这个小景点以神秘感。② 此外，《袁家渴记》《石渠记》《石涧记》也都是以水景取胜的景点，并绕以诡石怪木。③

大体来说，元结隶属的中央文化体系对道州九嶷山的吸纳，以及被贬的失意文人柳宗元对以小石城山为代表的永州景致的归属表现出的暧昧不清，是中原文人寻奇式山水探寻活动处于地理

---

① 重沢俊郎认为王叔文的政治目的是一方面与宦官的势力斗争，另一方面恢复唐政府对藩镇的统治权，王叔文之出身寒俊，与中央贵族的传统势力不能相容。见〔日〕重沢俊郎：《柳宗元に见える唐代の合理主义》，《日本中国学会报》1951 年第 3 期，第 75～84 页。"王叔文党是代表全国政治改革的新兴中小地主阶级的进步集团，他们之所以得到恶名是由于所有历史上的改革运动，总是被大地主及其帮闲帮凶的士大夫看作小人攘夺政权的一种手段，从而加在从事于这种运动的人身上的污蔑。""柳宗元的全部创作中，只有他的记山水和学陶诗等作品，表示他对闲适的追求，换句话说，就是表示他对政治的冷漠。这似乎是他全部创作中的一种相反类型，但实际并不如此。说得深入些，反而是一种更痛苦的真实的反映。……从本质上来看，这不过是柳宗元选择了一种为他的政敌们侦察视线所不及的对象——山水，作为他集中的创作劳动的对象，来强制转移他的愤怒、悲哀、抑郁的情绪而已，而且这种情绪，也不能完全隐蔽，除他的《愚溪对》外，也常常可以碰到把山水的遭遇当作自己的遭遇这一类的话。"见黄云眉：《柳宗元文学的评价》，《文史哲》1954 年第 10 期。

② 《柳河东集》卷二九《至小丘西小石潭记》，第 473 页。

③ 《柳河东集》卷二九《袁家渴记》，第 474 页；《柳河东集》卷二九《石渠记》，第 474～475 页；《柳河东集》卷二九《石涧记》，第 475～476 页。

范围边缘线上的征候。① 异物触发的空间超越性在湘南达到了极限后②，艺术身份的园林所需要的超越性需要在其他层面上寻求补给。③ 改变，就在所难免了。

_____

① 薛爱华认为此类文学作品对南越的鉴赏，是由来已久的对江南美景的鉴赏的延伸。但是激发文人情感和创作，进而形成这种文学鉴赏的，仍然只是那片较为凉爽的越北高地，那是一片过渡地带，从西部的桂州到东面的韶州，而这个地区与江南最南端并无截然不同。直至此时，依然没有一位大作家真正地赞美过热带地区的沿海平原。见《朱雀：唐代的南方意象》，第 300 页。马立博认为："岭南的瘴气将汉人阻挡在低洼的河谷之外，使他们更倾向定居在北部的山区，对瘴气免疫的泰语族群在低地耕作，而俚、苗、瑶则通过烧山在地势较高的地区从事游耕农业。"见《中国环境史：从史前到现代》，第 126 页。

② 从隋炀帝的西苑"周围数百里。课天下诸州，各贡草木花果，奇禽异兽于其中"，到李德裕的平泉山居"江南珍木奇石，列于庭际"，异物的来源地、覆盖面在前代的基础上都有明确的缩减，大部分都分布在辖地之内。

③ 参考《隋书》卷二四《食货志》，第 686 页；《李卫公会昌一品集》别集卷九《平泉山居诫子孙记》，第 231 页。与此同步的是，中唐时期的文风也达到了"尚怪"的极限，如《唐国史补》卷下："元和已后，为文笔，则学奇诡于韩愈，学苦涩于樊宗师，歌行则学流荡于张籍。诗章则学矫激于孟郊。学浅切于白居易，学淫靡于元稹。俱名为元和体。大抵天宝之风尚党，大历之风尚浮，贞元之风尚荡，元和之风尚怪也。"见《唐国史补》，第 57 页。吴相洲认为此时的诗歌出现了有意打破兴会中意象平衡的现象来求变，参考吴相洲：《论盛中唐诗人构思方式的转变对诗风新变的影响》，《首都师范大学学报（社会科学版）》1997 年第 3 期。在此之后，宋代的异物志开始走向海外，例如赵汝适的《诸蕃志》。

第四章　文人园林的中唐[①]新变

第一节　白居易与园林"中隐"[②]

早年擅长讽喻诗的白居易在晚年转向了闲适诗，他的诗题中出现了大量的"闲"，如《闲乐》《闲居》《闲眠》《城东闲游》《闲游》《闲吟》《湖上闲望》《东亭闲望》《闲意》《闲坐》《闲多》《闲卧》《郡中闲独寄微之及崔湖州》《闲咏》《闲出》《闲行》《咏闲》《闲忙》《闲卧有所思》《喜闲》《闲适》《闲题家池寄王屋张道士》《春池闲泛》等，几乎涉及了日常生活的方方面面。

这种现象与他在诗文中表示出追随陶渊明与韦应物的心迹，

---

① 叶燮认为："贞元、元和之际，后人称诗，谓为'中唐'，不知此'中'也者，乃古今百代之中，而非有唐之所独，后千百年无不从是以为断。"见［清］叶燮：《已畦集》卷八《百家唐诗序》，齐鲁书社，1997年。此外，北京大学葛晓音教授则认为文学史上的中唐，一般是指唐代宗大历元年（766）到唐文宗大和九年（835），大约70年的这段时间。见葛晓英：《中唐文学的变迁（上）（下）》，《古典文学知识》1994年第4、5期。本节所谓的"中唐"依照的是葛晓音的观点。

② 本节部分内容改编自拙文：《船舫游园与白居易的园林文化场》，《中国社会历史评论》（待刊）。

或有关系①，如《自吟拙什，因有所怀》感慨："苏州及彭泽，与我不同时"②；《题浔阳楼》又云："常爱陶彭泽，文思何高玄。又怪韦江州，诗情亦清闲"③；《效陶潜体诗十六首》序有言："因咏陶渊明诗，适与意会，遂效其体，成十六篇。醉中狂言，醒辄自哂；然知我者，亦无隐焉。"④ 但是，白居易对陶渊明也并非全盘接受，他在《与元九书》中提出："晋、宋已还，得者盖寡。以康乐之奥博，多溺于山水；以渊明之高古，偏放于田园。江鲍之流，又狭于此。"⑤ 显然，白居易并不认可陶渊明偏于田园的题材择选。这就让人很好奇，白居易对陶渊明的欣赏到底徘徊在什么层面上。

　　白居易在谪居江州时，曾拜访了陶渊明在江州柴桑的故宅，作了《访陶公旧宅（并序）》一文，可以给我们一些提示：

　　垢尘不污玉，灵凤不啄膻。呜呼陶靖节，生彼晋宋间；心实有所守，口终不能言。永惟孤竹子，拂衣首阳山；夷齐各一身，穷饿未为难。先生有五男，与之同饥寒。肠中食不充，身上衣不完。连征竟不起，斯可谓真贤。我生君之后，相去五百年；每读五柳传，目想心拳拳。昔常咏遗风，著为十六篇。今来访故宅，森若君在前。不慕樽有酒，不慕琴无弦；慕君遗容利，老死此丘

　　① "香山诗恬淡闲适之趣，多得之于陶、韦。"见［清］赵翼：《瓯北诗话》卷四《白香山诗》，人民文学出版社，1963 年，第 41～42 页。此外，关于韦应物闲情的论述，可参考萧驰：《不平常的平常风物："闲居"姿态与韦应物的自然书写》，《中华文史论丛》2016 年第 3 期。
　　② 《白居易集》卷六《自吟拙什，因有所怀》，第 118 页。
　　③ 《白居易集》卷七《题浔阳楼》，第 128 页。
　　④ 《白居易集》卷五《效陶潜体诗十六首（并序）》，第 104～108 页。
　　⑤ 《白居易集》卷四五《与元九书》，第 959～966 页。

园。柴桑古村落，栗里旧山川；不见篱下菊，但余墟中烟。子孙虽无闻，族氏犹未迁；每逢姓陶人，使我心依然。①

开篇即提"垢尘不污玉，灵凤不啄膻"，随后，白居易就进一步指明对陶渊明的欣赏在于"心实有所守，口终不能言"，这句话应该导源于陶渊明《饮酒二十首（其五）》的名句"此还有真意，欲辨已忘言"②，即坚持遵从内心的真理，不诉诸语言，直接付诸行动，如伯夷、叔齐拂衣而去隐居首阳山一样。"慕君遗容利"，表明白居易佩服陶氏摒弃世俗浮华，即便家人随之忍受贫穷与饥饿，也不为此改变内心操守的"真贤"。这点，白居易本人是做不到的，他也只是佩服陶渊明的坚守而已。但白居易又说了一句"我生君之后，相去五百年"。正所谓"五百年必有王者兴"③，白居易也给自己安置了一个可以比肩陶渊明的位置。

他在《序洛诗》中谈起自己写闲适诗的缘由：

予历览古今歌诗，……愤忧怨伤之作，通计今古，什八九焉。……自三年春至八年夏，至洛凡五周岁，作诗四百三十二首。除丧朋哭子十数篇外，其他皆寄怀于酒，或取意于琴，闲适有余，酣乐不暇；苦词无一字，忧叹无一声，岂牵强所能致耶？盖亦发中而形外耳。斯乐也，实本之于省分知足，济之以家给身闲，文之以觞咏弦歌，饰之以山水风月：此而不适，何往而适哉？兹又以重吾乐也。予尝云：治世之音安以乐，闲居之诗泰以

---

① 《白居易集》卷七《访陶公旧宅（并序）》，第 128 页。

② 《陶渊明集》卷三《饮酒二十首（其五）》，第 89 页。

③ ［汉］赵岐注，［宋］孙奭疏：《孟子注疏》卷四下《公孙丑章句下》，北京大学出版社，1999 年，第 125 页。

适，苟非理世，安得闲居？故集洛诗，别为序引；不独记东都履
道里有闲居泰适之叟，亦欲知皇唐大和岁，有理世安乐之音。集
而序之，以俟夫采诗者。[①]

　　白居易解释，创作闲适诗的动机在于对诗歌偏于愤忧怨伤传
统的不满，他认为自己的生活"闲适有余，酣乐不暇"。于是，
陶渊明、韦应物的"闲""闲居""闲情"之类，到白居易时已经
出现了新的变化：白居易在此基础上提出了"闲适"的概念（还
作了名为《闲适》[②]的诗）。易言之，在"闲"的基础上，多了
一层自足的愉悦感——"适"。如文章所言，白居易希望一扭
"愤忧怨伤之作"的诗歌传统，转而肯定生活，吟咏现实生活中
的欢愉。[③]

　　赵翼认为，白居易出身贫寒所以易于知足。并且，白居易选
择退休闲居也并非一时兴起，而是有十来年的漫长计议。到了晚
年，白居易"有禄以赡其家，有才以传于后，香山自视，固已独
有千古，权位势利，曾不足当其一唾"，所以转向闲居娱情。这
个转变不单单是长久以来所认为的政治上的明哲保身之举。[④]易
言之，白居易是一个能比较灵活地享受生活的人。

---

　　① 《白居易集》卷七〇《序洛诗》，第 1474～1475 页。
　　② 《白居易集》卷三四《闲适》，第 768～769 页。
　　③ 〔日〕川合康三：《白居易闲适考》，载《终南山的变容：中唐文学论集》，第
243～258 页。吉川幸次郎（Yoshikawa Kojiro）认为宋朝诗歌的视野扩大带来了一种
看待生活的新方式，宋朝人开始认为人的生活不能仅仅被描绘为痛苦，这种新的
观点代表了与以往诗歌传统的彻底断裂。见 Yoshikawa Kojiro, An Introduction to
Sung Poetry. Cambridge, Mass：Harvard University Press，1967，pp. 24。在此，我
们可以看出，这种苗头在白居易时就已经出现了。
　　④ 《瓯北诗话》卷四《白香山诗》，第 47～50 页。

白居易在写给元稹的《与元九书》一文中说：

古人云：穷则独善其身，达则兼济天下。仆虽不肖，常师此语。大丈夫所守者道，所待者时。……故仆志在兼济，行在独善；奉而始终之则为道，言而发明之则为诗。谓之"讽谕诗"，兼济之志也。谓之"闲适诗"，独善之义也。故览仆诗者，知仆之道焉。①

显然，白居易认为自己奉行的是儒家的"穷则独善其身，达则兼善天下"②的教诲。撰写所谓"讽谕诗"是出于兼济之志，而转向"闲适诗"则是独善之举。在此，白居易已经依照儒家的思想，把愉悦文学给理论化了。这是中唐时代新精神的一种体现。③这种观念下的白居易在谈到自己晚年的生活与心境时，写下了《达哉乐天行》，以"达哉达哉"开头，又用"达哉达哉"结尾。④白居易是否对生活很豁达暂且不论，但是很明显他是希望读者能看到他的这种"达哉"的，正如他希望读者读到他的"闲情"与"闲适"一样。

白居易很惜名，他甚至在生前就自己动手整理了诗文稿，并

---

① 《白居易集》卷四五《与元九书》，第959～966页。

② 《孟子注疏》卷一三上《尽心章句上》，第355页。

③ 〔日〕川合康三：《白居易闲适考》，载《终南山的变容：中唐文学论集》，第243～258页。

④ "达哉达哉白乐天！分司东都十三年。七旬才满冠已挂，半禄未及车先悬。或伴游客春行乐，或随山僧夜坐禅。二年忘却问家事，门庭多草厨少烟。庖童朝告盐米尽，侍婢暮诉衣裳穿。妻孥不悦甥侄闷，而我醉卧陶然。起来与尔画生计，薄产处置有后先。先卖南坊十亩园，次卖东都五顷田。然后兼卖所居宅，髣髴获缗二三千。半与尔充衣食费，半与吾供酒肉钱。吾今已年七十一，眼昏须白头风眩。但恐此钱用不尽，即先朝露归夜泉。未归且住亦不恶，饥餐乐饮安稳眠。死生无可无不可，达哉达哉白乐天！"见《白居易集》卷三六《达哉乐天行》，第827页。

抄写了五部，其中三部分送予寺院，另外两部传付给家人。① 藏之名山、传之后人的努力，可谓用心良苦。但是，他在《与元九书》中说道：

昨过汉南日，适遇主人集众乐，娱他宾。诸妓见仆来，指而相顾曰：此是《秦中吟》《长恨歌》主耳。自长安抵江西三四千里，凡乡校、佛寺、逆旅、行舟之中，往往有题仆诗者。士庶、僧徒、孀妇、处女之口，每每有咏仆诗者。此诚雕虫之戏，不足为多。然今时俗所重，正在此耳。虽前贤如渊、云者，前辈如李、杜者，亦未能忘情于其间哉。……今仆之诗，人所爱者，悉不过"杂律诗"与《长恨歌》已下耳。时之所重，仆之所轻。至于"讽谕"者，意激而言质；"闲适"者，思淡而词迂：以质合迂，宜人之不爱也。②

白居易自谓"'讽谕'者，意激而言质"，但"讽谕诗"却是他成名的基础，且为时人所重。"雕虫之戏，不足为多"，说明他更愿意别人多关注他思淡闲适的一面。他对自己名声的担心是有道理的，同时代的李肇就批评道："元和已后，……学浅切于白居易。"③ 杜牧在《唐故平卢军节度巡官陇西李府君墓志铭》中表示："尝痛自元和已来有元、白诗者，纤艳不逞，非庄士雅人，

---

① 参考〔唐〕白居易著，谢思炜校注：《白居易诗集校注》前言，中华书局，2006年，第1页；〔唐〕元稹：《元氏长庆集》卷五一《白氏长庆集序》，上海古籍出版社，1994年，第255～256页；〔唐〕白居易：《宋本白氏文集》第十册卷七〇《东林寺白氏文集记》《圣善寺白氏文集记》《苏州南禅院白氏文集记》，卷七一《香山寺白氏洛中集记》，国家图书馆出版社，2017年，第125～126、138～139、152～153页。
② 《白居易集》卷四五《与元九书》，第959～966页。
③ 《唐国史补》卷下，第57页。

多为其所破坏。流于民间，疏于屏壁，子父女母，交口教授，淫言媟语，冬寒夏热，入人肌骨，不可除去。吾无位，不得用法以治之。"① 司空图也认为："元白力勍而气孱，乃都市豪估耳。"② 就连敬仰白居易的苏轼，也有名句"元轻白俗"。③ 钱钟书也认为："（白居易）写怀学渊明之闲适，则一高玄，一琐直，形而见绌矣。"④ 白居易诗文之"质"，在他的时代、后代、现代都受到了批评。这应该是白居易想要努力平衡的方面。

事实上，白居易也的确是善于周旋的人。除了《与元九书》中表现出的相机而动的处世态度之外，白居易"与刘禹锡游，人谓之刘白，而不陷八司马党中。与元稹游，人谓之元白，而不蹈北司党中。又与杨虞卿为姻家，而不陷于牛李党中"⑤。而在文学上，他的毕生精力与其名世不朽之望，都寄托在了他的文字当中。⑥

---

① 《樊川文集》卷九《唐故平卢军节度巡官陇西李府君墓志铭》，第 136～138 页。

② ［唐］司空图：《司空表圣文集》卷一《与王驾论诗书》，上海古籍出版社，1994 年，第 21 页。

③ 苏轼的号"东坡"，源于白居易的《步东坡》和《别东坡花树》。苏轼在《予去杭十六年而复来留二年而去平日自觉出处老少粗似乐天虽才名相远而安分寡求亦庶几焉三月六日来别南北山诸道人而下天竺惠净师以丑石赠行作三绝句（其二）》中说："出处依稀似乐天，敢将衰朽较前贤。"见［宋］苏轼著，傅成、穆俦标点：《苏轼全集·诗集》卷三三，上海古籍出版社，2000 年，405 页。"元白轻俗"出自《祭柳子玉文》，见《苏轼全集·文集》卷六三《祭文》，第 2017 页。

④ 钱钟书：《谈艺录》，三联书店，2001 年，第 580 页。

⑤ ［宋］晁公武撰，孙猛校证：《郡斋读书志校证》卷一八《白居易长庆集七十一卷》，上海古籍出版社，2011 年，第 888 页。

⑥ 胡适：《读白居易〈与元九书〉》，载胡适：《胡适古典文学研究论集》，上海古籍出版社，2013 年，第 318～322 页。

　　了解了白居易在各方面的努力，我们才能更好地理解白居易著名的《中隐》一诗：

　　大隐住朝市，小隐入丘樊；丘樊太冷落，朝市太嚣諠。不如作中隐，隐在留司官。似出复似处，非忙亦非闲。不劳心与力，又免饥与寒。终岁无公事，随月有俸钱。君若好登临，城南有秋山。君若爱游荡，城东有春园。君若欲一醉，时出赴宾筵。洛中多君子，可以恣欢言。君若欲高卧，但自深掩关。亦无车马客，造次到门前。人生处一世，其道难两全：贱即苦冻馁，贵则多忧患。唯此中隐士，致身吉且安；穷通与丰约，正在四者间。①

　　本篇的诗眼可以说就是"中"。王维、裴迪等人都不赞扬隐居深山式的"真隐"，他们更倾向于"不废大伦，存乎小隐"的态度。② 白居易持有相同的观念。不过，在白居易看来，住在朝市里的"隐居"才能算作"大隐"，而入深山之类的远人居只能算作"小隐"。这点或有可能是对王康琚"小隐隐陵薮，大隐隐于市"③，以及陶渊明"结庐在人境，而无车马喧。问君何能尔？心远地自偏"④ 的继承与发展。这显然也暗示了"隐居"于朝市

---

　　① 《白居易集》卷二二《中隐》，第 490 页。
　　② 唐代文人大都不太能忍受远离俗世的寂寞生活，例如杜荀鹤的《山中寄诗友》："山深长恨少同人，览景无时不忆君。"见《杜荀鹤诗》卷中，第 56 页。雍陶《寒食夜池上对月怀友》："亲友皆千里，三更独绕池。"见《全唐诗》卷五一八，第5913 页。周贺《春日山居寄友人》："春居无俗喧，时立涧前村。路远少来客，山深多过猿。带岩松色老，临水杏花繁。除忆文流外，何人更可言。"见《全唐诗》卷五〇三，第 5722 页。顾非熊《题马儒乂石门山居》："此地客难到，夜琴谁共听。"见《全唐诗》卷五〇九，第 5785 页。
　　③ 《文选》卷二二《反招隐诗》，第 1030～1031 页。
　　④ 《陶渊明集》卷三《饮酒二十首（其五）》，第 89 页。

在文人群体内心中地位的上升。"大隐""小隐"对文人来说都有难以抗拒的优点和难以回避的缺点。想要保有宁静心境的白居易，又不想像陶渊明一样劳心劳力、饥寒交迫。于是，他主张的"中隐"，就是对"显"与"隐"这两种处世态度的调和——对社会和国家负有责任的君子，关于尘世的纷杂事务与出世的独善其身之间的调和。远谪时怀念京城故园（如杜牧《望故园赋》①），身在朝堂时又会想念远方的归隐园（如王维《酬张少府》②），园林不如说是地理、心灵上的居中坐标，纠偏出世与入世之间的过分波动。"中隐"的"中"字就像是入世与出世中间位置上的黄金分割点，站在这个点上，才能够最大化地利用各方条件为自己创造优势。白居易这种务实的世界观，是魏晋以来隐居-园林观念在长期发展过程中的一次理论总结与完善。

此外，这可能也是傍山之居逐渐从文人园林中析离出来，转为公共景区的原因。《中隐》还说道："君若好登临，城南有秋山。君若爱游荡，城东有春园。"虽然对于建造园林的客观条件来说，山林地优于城郊，再优于城市地，但是这却不见得是园林选址的真正顺序。③

至此，陶渊明的"闲情"就不再是坚守清苦生活的隐士所独有的情怀，白居易将之改造成了充斥着世俗之乐的"闲适"。但

---

① 《樊川文集》卷一《望故园赋》，第2～3页。

② "晚年惟好静，万事不关心。自顾无长策，空知返旧林。松风吹解带，山月照弹琴。君问穷通理，渔歌入浦深。"见《王维集校注》卷五《酬张少府》，第476页。

③ Chu-Tsing Li，James C. Y. Watt，The Chinese Scholar's Studio：Artistic Life in the Late Ming Period. New York：Thames&Hudson，1987，pp. 33.

这并不是说之前的文人园林就没有娱乐的成分，而是白居易将园林中清苦的成分清扫掉，而将娱乐的成分依照儒家思想加以理论化，进而这些娱乐的成分也就具备了合理性。

皮埃尔·布迪厄（Pierre Bourdieu）将文学场的结构分为两极：其中一极是"为艺术而艺术"的追求自主性的先锋派文学，又称为"限制生产"，其受众是生产者的同行及竞争者，大都以文学受难者的形象出现；另一极为"为了受众的生产"，即满足大众的需求而得到更多的实质回报。陶渊明即是前者"先锋派"，他在追求大尺度壮美景观的时代，一反占据审美主流的贵族文化，转而追求脱胎于农耕生活的"闲情"，当然，这与他的寒门出身不无关系。

白居易也出生于寒门，但唐代均田制的推广与科举制度的施行，不仅改变了大尺度园林景观的物理状态，还给了寒门文人进身之阶，从而产生了"化学反应"。[1] 战乱之苦使得白居易贴近民众，于是他利用讽喻诗，补察时政，誉满天下；他职为学士，官至左拾遗，利用古文制诰，参与山东没落世族带领的争取政治权力地位的古文运动，又获得了朝野上下的巨大成功。表现下层百姓姿态情趣的白居易从未像陶渊明一样从政治当中抽离出来，自处边缘。白居易晚年利用闲适诗，歌颂生活的欢愉，选择与社会现实平和相处，将"不为五斗米折腰"的陶渊明的"闲情"改造为"闲适"，他营造的园林文化场已经成为"先锋文学"世俗

---

① 参见本章第三节关于均田制对园林产生的影响的论述。

化的结果。①

从文学场的占位来看，白居易是承前启后的人物，他将高雅园林文化中的特定价值观念普遍化，建构了一种新的"雅趣"，影响并控制社会主体的审美方式，从而维护了自身在文化场中的合法地位。这对后世文学的发展产生了不可估量的影响，不仅推动古典园林从"洛阳时代"走向"江南时代"，更为园林文化场争取了一片居中的位置，成为宋以后文人追求仕途之余，实现隐逸梦想的享乐家园。② 文人园林从此导向世俗性，转向了下一个阶段。这是贵族园林与文人园林交融的结果，也是园林发展的必然趋势。与白居易这种外部选址理念相配套的，是造园内部观念的重新组合。

第二节 "奥旷两宜"与审美转折③

谢灵运式观景模式曾在贵族社会中长期占据主导地位，六朝到初唐的私人园林都在强调登临。到了柳宗元的时代，他在《永州龙兴寺东丘记》一文中正式提出了"旷奥两宜"：

---

① 刘大杰认为白居易的闲适诗更偏重个体的主观感受，缺少前期关注社会、为平民发声的积极意义，风格上也变得较为平和而缺少战斗攻击性。参见刘大杰：《中国文学发展史》，第 439 页。

② 袁行霈认为闲适诗对后世文人产生了很大影响，尤其是宋以后的文人一方面追求闲散隐逸的生活，一方面又希望跻身仕途，因此白居易常常被羡慕和效仿。见袁行霈总主编，袁行霈、罗宗强卷主编：《中国文学史》第二卷，高等教育出版社，1999 年，第 356 页。

③ 本节改编自拙文：《中古时期文人园林的观景模式变迁——从谢灵运、陶渊明到柳宗元》，《中国园林》2020 年第 12 期。

游之适，大率有二：旷如也，奥如也，如斯而已。其地之凌阻峭，出幽郁，廖廓悠长，则于旷宜；抵丘垤，伏灌莽，迫遽回合，则于奥宜。因其旷，虽增以崇台延阁，回环日星，临瞰风雨，不可病其敞也。因其奥，虽增以茂树蓺石，穹若洞谷，蓊若林麓，不可病其邃也。[①]

柳宗元所讲的游之"适"，说的是审美的感受，这与白居易之"闲适"隶属同源。柳宗元还将这种"适"分为旷宜与奥宜两种类型。旷如与奥如涉及的是景物的呈现和景观的表达，而旷宜与奥宜则主要是讲主体的审美感知。

柳宗元的游记中常见小尺度奥境的描写，例如《永州龙兴寺东丘记》中的"东丘"：

今所谓东丘者，奥之宜者也。其始龛之外弃地，余得而合焉，以属于堂之北陲，凡坳洼坻岸之状，无废其故。屏以密竹，联以曲梁，桂桧松杉楩柟之植几三百本，嘉卉美石又经纬之。俛入绿缛，幽荫荟蔚。步武错迕，不知所出。温风不烁，清气自至。小亭陋室，曲有奥趣。然而至焉者往往以邃为病。[②]

所谓奥境，即"抵丘垤，伏灌莽，迫遽回合，则于奥宜"。柳宗元对东丘的景点作出了相应的规划，得到"俛入绿缛，幽荫荟蔚。步武错迕，不知所出"的效果，而这几乎成了后世建园曲径通幽的标准。对于这样的设计，配上"小亭陋室，曲有奥趣"，与传统"亭踞山巅"放目远观的观景方式有明显的不同，所以往

---

①② 《柳河东集》卷二八《永州龙兴寺东丘记》，第462～463页。

往有"以邃为病"的不同看法。① 除《永州龙兴寺东丘记》外，柳宗元对水道、山路幽深曲折的描写也常见于其他诗文的记载，如"潭西南而望，斗折蛇行，明灭可见。其岸势犬牙差互，不可知其源"②；"其流抵大石，伏出其下。逾石而往，有石泓，昌蒲被之，青鲜环周。又折西行，旁陷岩石下，北堕小潭。潭幅员减百尺，清深多儵鱼。又北曲行纡余，睨若无穷，然卒入于渴"③；"舟行若穷，忽又无际"④；"其上深山幽林逾峭险，道狭不可穷也"⑤；等等。

此外，"永州八记"中的《钴𬭤潭记》《钴𬭤潭西小丘记》《至小丘西小石潭记》《袁家渴记》《石渠记》《石涧记》，以及山水诗中的《南涧中题》《秋晓行南谷经荒村》《界围岩水帘》等，描写的都是奥境。这类景点往往占地面积狭小，除了《永州龙兴寺东丘记》中的小亭陋室，还有"其（潭）清而平者且十亩余"⑥，"丘之小不能一亩，可以笼而有之"⑦，"渠之广或咫尺，或倍尺。其长可十步许"⑧，等等。这些景点在南部地貌的大环境下，往往显得幽静深邃，与世隔绝且无人过问。⑨

此外，这种小尺度的景点还能让审美主体因为更加接近景

---

① 顾凯：《中国传统园林中"亭踞山巅"的再认识：作用、文化与观念变迁》，《中国园林》2016 年第 7 期。

② 《柳河东集》卷二九《至小丘西小石潭记》，第 473 页。

③⑧ 《柳河东集》卷二九《石渠记》，第 474～475 页。

④ 《柳河东集》卷二九《袁家渴记》，第 474 页。

⑤ 《柳河东集》卷二九《石涧记》，第 475～476 页。

⑥ 《柳河东集》卷二九《钴𬭤潭记》，第 471～472 页。

⑦ 《柳河东集》卷二九《钴𬭤潭西小丘记》，第 472～473 页。

⑨ 有学者认为这类景物的描写，和柳宗元想要呈现的寂寥心境是有关系的。参考黄云眉：《柳宗元文学的评价》，《文史哲》1954 年第 10 期；周明：《柳宗元山水文学的艺术美》，《文学评论》1984 年第 5 期。

物，而增加很多细节上的把握，除了前文已讨论过对石形的刻画之外，还有对水景的描绘，诸如"枕席而卧，则清泠之状与目谋，潜潜之声与耳谋，悠然而虚者与神谋，渊然而静者与心谋"[①]；"（钴𬭁潭）颠委势峻，荡击益暴，啮其涯，故旁广而中深，毕至石乃止。流沫成轮，然后徐行。其清而平者且十亩余"[②]；"平者深墨，峻者沸白"[③]。除了视觉，还涉及了听觉与嗅觉，如"每风自四山而下，振动大木，掩苒众草，纷红骇绿，蓊葧香气，冲涛旋濑，退贮溪谷，摇飏葳蕤，与时推移"[④]。此外，还有《游黄溪记》的"溪水积焉，黛蓄膏渟，来若白虹，沈沈无声"[⑤]之类，由视觉通向听觉，形成无声胜有声的通感之类的描写。[⑥]据此，小

---

① 《柳河东集》卷二九《钴𬭁潭西小丘记》，第 472～473 页。
② 《柳河东集》卷二九《钴𬭁潭记》，第 471～472 页。
③④ 《柳河东集》卷二九《袁家渴记》，第 474 页。
⑤ 《柳河东集》卷二九《游黄溪记》，第 469～470 页。
⑥ 生物学研究表明，大脑接收到的外部信息中有 60％以上都属于视觉讯息，视觉讯息是大脑最直接捕捉到的资讯。这与视觉审美在审美活动中占据的优势地位是有关系的。柏拉图和亚里士多德对感觉进行了排序，并划分了等级：一是高级的、认知性的"距离性感官"，即视觉和听觉；二是低级的、欲望性的"非距离性感官"，即触觉、味觉和嗅觉。在这一等级制度中，尤其强调了视觉是"于我们最为有益的东西的源泉"，是学习和分享理性的自然真理和调整人类自身错误行为的最为重要的途径。"求知是人类的本性。我们乐于使用我们的感觉就是一个说明。即使并无实用性，人们总爱好感觉，而在诸感觉中，尤重视觉。……理由是能使我们认知事物，并显明事物之间的许多差别，此于五官之中，以得益于视觉者为多。"进一步，亚里士多德还在《论灵魂》中论证了视觉优于其他感官的认识功能和不会引致放纵快感的特性。这一观点被后来诸多现代和后现代学者指认为"视觉中心主义"，已经被击破，譬如声景（Soundscape）概念的提出者雷蒙德·默里·谢弗（Raymond Murray Schafer）就呼吁所有感官的重建，并因此成了声音生态学（Acoustic Ecology）研究的先行者。柳宗元的审美活动呈现出的多重面向，可以作为身体化审美活动的一个典型案例。关于身体化审美的相关研究，可参考程相占：《论身体美学的三个层面》，《文艺理论研究》2011 年第 6 期；张之沧、张祁：《身体认知论》，人民出版社，2014 年。

尺度的奥景就有了无穷的意味，正如《法华寺石门精室三十韵》
所言，"幽蹊不盈尺，虚室有函丈"①。这种偏向优美境界的审
美，首先需要的是审美主体自身的修养，故柳宗元在《潭州杨中
丞作东池戴氏堂记》中说："地虽胜，得人焉而居之。"② 在《邕
州柳中丞作马退山茅亭记》中又一次强调："夫美不自美，因人
而彰。"③ 白居易也有相似的观点："大凡地有胜境，得人而后
发。"④ 这也许就是宇文所安所说的，中唐出现的"文字占有"
的现象的一个必要的思想准备。⑤

　　"旷如"和"奥如"是相对的。旷景的景物大多是高山雄江、
远天长林，特点是"凌阻峭，出幽郁，廖廓悠长"，给人以高、
旷、远、奇的壮美感受，诸如龙兴寺"祭高殿可以望南极，辟大
门可以瞰湘流，若是其旷野"。在柳宗元的山水记叙中，旷如之
境比奥如之境要多一些。"永州八记"首篇《始得西山宴游记》
即是登山俯瞰，"攀援而登，箕踞而遨，则凡数州之土壤，皆在
衽席之下。其高下之势，岈然洼然，若垤若穴。尺寸千里，攒蹙
累积，莫得遁隐。萦青缭白，外与天际，四望如一。然后知是山
之特立，不与培塿为类；悠悠乎与颢气俱，而莫得其涯；洋洋乎
与造物者游，而不知其所穷"⑥。这类高旷雄壮的景色在《游朝
阳岩遂登西亭二十韵》《登蒲州石矶望横江口潭岛深迥斜对香零

　① 《柳河东集》卷四三《法华寺石门精室三十韵》，第710页。
　② 《柳河东集》卷二七《潭州杨中丞作东池戴氏堂记》，第450~453页。
　③ 《柳河东集》卷二七《邕州柳中丞作马退山茅亭记》，第453~454页。
　④ 《白居易集》卷七一《白苹洲五亭记》，第1494~1496页。
　⑤ 《中国"中世纪"的终结：中唐文学文化论集》，第22~29页。
　⑥ 《柳河东集》卷二九《始得西山宴游记》，第470~471页。

山》《与崔策登西山》等诗中也可以见到。① 由于这种景色多是由登临的视角得来，这些诗文的题目中也大多都用一个"登"字来点明，似为魏晋游观传统的传承。

有趣的是，柳宗元虽然常常孤立地写奥景，但是却很少孤立地写旷景，旷景常常是与奥景结合在一起的。柳宗元在《永州龙兴寺东丘记》一文中说："吾所谓游有二者，无乃阙焉而丧其地址宜乎！"呼应其篇首"游之适，大率有二"，强调旷奥二景缺一不可，以及因地制宜的重要性，这就大大削弱了以旷为主的审美传统的影响。这种转折应该源于柳宗元的理念，"丘之幽幽，可以处休；丘之宎宎，可以观妙"②。"休"强调心灵的抚慰与安放，而"妙"则是道家的美学术语，其义在于有无相生，以有限的形迹来唤起无限的想象。③

除了"永州八记"，柳宗元为裴行立的桂州訾家洲亭所作的记，也是园林史研究的重要文献，其曰："于是厚货居氓，移于闲壤。伐恶木，刬奥草，前指后画，心舒目行，忽然如飘浮上腾以临云气。万山面内，重江束隘，联岚含辉，旋视具宜。常所未觌，倏然互见。以为飞舞奔走与游者偕来。"④ 此后，《零陵三亭记》又将裴行立的建园行为扩大到了文官群体，并为此潮流辩护："邑之有观游，或者以为非政，是大不然。夫气愤则虑乱，

① 《柳河东集》卷四三，第711、712、714页。
② 《柳河东集》卷二八《永州龙兴寺东丘记》，第462～463页。
③ 参考祁志祥：《以"妙"为美——道家论美在有中通无》，《上海师范大学学报（哲学社会科学版）》2003年第3期。以及前引徐复观的"即自的超越"，见《中国艺术精神》，第62页。
④ 《柳河东集》卷二七《桂州裴中丞作訾家洲亭记》，第451～453页。

视壅则志滞，君子必有游息之物，高明之具，使之情宁平夷，恒若有余，然后理达而事成。"① 建亭、观游成了君子高明游息的必要之物，可见园林在唐代士大夫生活中的重要性，这也从侧面印证了白居易的"中隐"说并不是白氏特立独行的理论创新，而是对彼时所盛行的园林观念的理论总结，即王勃所谓"林泉为进退之场，樽罍是言谈之地"②。

柳宗元还在《桂州裴中丞作訾家洲亭记》中记载："大凡以观游名于代者，不过视于一方，其或傍达左右，则以为特异。至若不骛远，不陵危，环山洄江，四出如一，夸奇竞秀，咸不相让，遍行天下者，唯是得之。桂州多灵山川，发地峭坚，林立四野。"③ 桂州的山水之奇并不需要骛远陵危就能获得，这让人联想到韩愈好奇到不顾性命的记载。于是，柳宗元又一次用这个区域的地貌——"发地峭坚，林立四野"的石灰岩地貌之类，抗衡了中原地区的审美取径。④ 这种石灰岩也逐渐北移，成为江南园林中常见的石笋假山等。这就是前文所说的文人寻奇式山水观在地理上达到的最大限度。

这种观念也可见于柳宗元对桂州訾家洲亭旷景的夸耀，以及在《钴鉧潭记》中所言："崇其台，延其槛，行其泉于高者坠之

---

① 《柳河东集》卷二七《零陵三亭记》，第 457～458 页。
② ［唐］王勃著，赵殿成笺注：《王子安集》卷六《春日孙学士宅宴序》，上海古籍出版社，1992 年，第 42 页。
③ 《柳河东集》卷二七《桂州裴中丞作訾家洲亭记》，第 451～453 页。
④ 元结也有同样的情怀，以及好奇的韩愈也有《将至韶州先寄张端公使君借图经》："曲江山水闻来久，恐不知名访倍难。愿借图经将入界，每逢佳处便开看。"见《韩愈全集校注》，第 818～819 页。

潭，有声潀然。尤与中秋观月为宜，于以见天之高，气之迥。孰使予乐居夷而忘故土者，非兹潭也欤？"① "乐居夷而忘故土"，已经完全不同于被贬永州之际的陈情——"意绪殆非中国人"，柳宗元似乎释然了一些。元结的《峿台铭》序文也有："古人有蓄愤闷与病于时俗者，力不能筑高台以瞻眺，则必山颠海畔，伸颈歌吟以自畅达。"② 《唐㡡铭》还说："目所厌者远山清川，耳所厌者水声松吹，霜朝厌者寒日，方暑厌者清风。于戏！厌，不厌也，厌犹爱也。"③ 南部夸奇竞秀的特异的自然环境延续了旷景的造景需求。但是，郁郁葱葱的生态系统显然又营造了奥景的必要条件，奥景明显地凸显出来。据此，六朝至初唐旷景与壮美带来的山水之"宣泄"，变成了中唐柳宗元的"旷奥两宜"。

简而言之，柳宗元的旷奥两宜论完善了白居易的"中隐"观念下小尺度建园的内部景观要素的重组，且为后世的城市、城郊地建园提供了实践支持。至此，中唐园林造景所需要的理论与实践部分的重构就基本完成了。

第三节 从"山水"到"水石"④

白居易、柳宗元对贵族庄园式山水观以及观景视角的改造，

---

① 《柳河东集》卷二九《钴鉧潭记》，第471~472页。
② 《元次山集》卷一〇《峿台铭（有序）》，第152页。
③ 《元次山集》卷一〇《唐㡡铭》，第153页。
④ 本节部分内容改编自拙文：《船舫游园与白居易的园林文化场》，《中国社会历史评论》（待刊）。

是当时的自然社会背景下发展出来的典型事件。

从地理背景的角度来说，柳宗元的贬谪对他个人而言是万劫不复的放逐，但是对当时的社会而言，他参与进的是南部中国的开发进程。六朝时期，庄园式园林主要分布在山泽间，唐朝时开垦线迅速向外推进到了当时社会所能承载的广义上的最大范围，文人园林的分布因为农业耕作区的围合，而出现了明显的内聚的趋势。与此同时，在政治版图上，除了《岭表录异》《南方异物志》《岭南异物志》等私人撰述的书籍之外，好奇的韩愈也有《将至韶州先寄张端公使君借图经》① 等诗。这时的岭南很可能已经出现了一批绘制完善的图经。农业的进一步拓展，需要大型水利工程与农耕技术，以及新物种的配合才能完成，而这需要等到宋代。

第三章已提到，皇家贵族苑囿凭借政治经济地位获得的"异物"标识了地理性质上的超越，而在南部中国也纳入中原文化圈后，这个层次上的超越性所具有的合理性就开始消退了。边地不再是边地，凭借边地来实现的地理空间的超越就无从谈起。而在此时，文人群体也频繁游历江南，尤其是安史之乱之后。② 水网开发渐趋完善的江南已经是"古宫闲地少，水港小桥多"，成了

---

① 《韩愈全集校注》，第818～819页。

② 可参考竺岳兵：《唐诗之路唐代诗人行迹考》，中国文史出版社，2004年。"唐代末年，文化活动的重心由长安和洛阳向东南移动。东南一带迅速成为更繁荣、更时尚的地区。"见〔英〕迈克尔·苏利文（Michael Sullivan）著，徐坚译：《中国艺术史》，上海人民出版社，2014年，第164页。

文人心中最梦幻的区域。① 白居易的《冷泉亭记》云：

> 东南山水，余杭郡为最。就郡言，灵隐寺为尤。由寺观，冷
> 泉亭为甲。亭在山下，水中央，寺西南隅。高不倍寻，广不累
> 丈；而撮奇得要，地搜胜概，物无遁形。春之日，吾爱其草熏
> 熏，木欣欣，可以导和纳粹，畅人血气。夏之夜，吾爱其泉淳
> 淳，风泠泠，可以蠲烦析酲，起人心情。山树为盖，岩石为屏，
> 云从栋生，水与阶平。坐而玩之者，可濯足于床下；卧而狎之
> 者，可垂钓于枕上。矧又潺湲洁澈，粹冷柔滑。若俗士，若道
> 人，眼耳之尘，心舌之垢，不待盥涤，见辄除去。潜利阴益，可
> 胜言哉？斯所以最余杭而甲灵隐也。杭自郡城抵西封，丛山复
> 湖，易为形胜。②

不同于此前文人建亭于高处，以获得"游青山、卧白云，逍
遥偃傲"的壮美情怀，冷泉亭建在山下的水中央，"高不倍寻，
广不累丈"，但是也能"撮奇得要，地搜胜概，物无遁形"。这种
亲水石、亲草木的幽静环境，在白居易看来是东南山水中最佳的
景境，不仅呼应了柳宗元"小亭陋室"的幽静环境，这种建造小
型亭的观念还为后世所继承，发展出了两种经典的建亭位置。③

---

① 《杜荀鹤诗》卷上《送人游吴》，第 27 页。关于江南水环境演变过程的探讨，
可参考王建革：《江南环境史研究》，科学出版社，2016 年。

② 《白居易集》卷四三《冷泉亭记》，第 944～945 页。

③ 《童寯文集》第一卷，第 238～240 页。在白居易建构西湖美景之前，李白等
人在镜湖（鉴湖）也进行过文化创造活动。"镜湖三百里，菡萏发荷花。"见《全唐
诗》卷二一《相和歌辞·子夜四时歌四首·夏歌》，第 264 页。这种写作方式是中唐
以前的典型特点，这应该是与此地的景观尺度相关联的，元稹诗曰："顾我小才同培
塿，知君险斗敌都卢。不然岂有姑苏郡，拟着陂塘比镜湖？"已经能看出一些以小拟
大的中唐气象。见《元稹集》卷二二《再酬复言》，第 247 页。

"杭自郡城抵西封，丛山复湖，易为形胜"，白居易没有辜负杭州的一番风光，写下了不少以西湖为主题的诗歌，例如《西湖晚归，回望孤山寺，赠诸客》《湖亭晚归》等。[①] 这些诗歌为后来西湖成为中国山水、园林的文化符号铺垫了基础。[②] 不过，从园林发展史的角度来说，笔者认为更为重要的是白居易参与进的舟游观景的活动。

由低山围绕的西湖是整个景区的中心地带，不同于以往以山为中心的景观模型，西湖旁的南、北二高峰自彼时起就不是受关注的中心。[③] 虽然白居易在《钱塘湖春行》中宣称"最爱湖东行不足"[④]，但是他在西湖最常做的事情却是游湖。《湖上夜饮》有："郭外迎人月，湖边醒酒风。谁留使君饮？红烛在舟中。"[⑤] 以及《湖上招客送春汛舟》载："排比管弦行翠袖，指麾船舫点红旌。慢牵好向湖心去，恰似菱花镜上行。"[⑥] 离开杭州之际，他又在《春题湖上》中说："湖上春来似画图，乱峰围绕水平铺。松排山面千重翠，月点波心一颗珠。碧毯线头抽早稻，青罗裙带

---

① 《白居易集》卷二〇《西湖晚归，回望孤山寺，赠诸客》，第 442 页；《白居易集》卷二〇《湖亭晚归》，第 443～444 页。

② 有学者指出，杭州的自然环境还可能影响推动政治失意的白居易完成了从"讽谕诗"到"闲适诗"的转变。参考〔日〕清宫刚：《杭州的自然与白乐天的思想变迁》，载〔日〕清宫刚著，商聚德审校：《中国古代文化研究：君臣观、道家思想与文学》，九洲图书出版社，1997 年，第 219～245 页。

③ 南、北二高峰构成（南宋）西湖十景之一的"双峰插云"，欣赏这一景也是为了获得远眺山峦入云的景观。新西湖十景（1985 年）、三评西湖十景（2007 年）都没有收录"双峰插云"。

④ 《白居易集》卷二〇《钱塘湖春行》，第 439～440 页。

⑤ 《白居易集》卷二〇《湖上夜饮》，第 445 页。

⑥ 《白居易集》卷二〇《湖上招客送春汛舟》，第 452～453 页。

展新蒲。未能抛得杭州去，一半勾留是此湖。"①《西湖留别》又说："绿藤阴下铺歌席，红藕花中泊妓船。处处回头尽堪恋，就中难别是湖边！"②西湖边景物与泛舟湖上是白居易最难割舍的事物与活动。③于是，他将这种喜好带回了洛阳，履道里宅园里就有他从苏州带回的青板舫，除此之外，他还在《杭州回舫》中说道："自别钱唐山水后，不多饮酒懒吟诗。欲将此意凭回棹，与报西湖风月知。"④

舟行游观并不是白居易的独创，如前文所说，长安士人就喜欢在"曲江各置船舫，以拟岁时游赏"⑤，但是很显然白居易在文人园林中将舟游发扬光大了。开成五年（840），已经回到了洛阳的白居易写下《池晚汎舟，遇景成咏，赠吕处士》，记曰："岸浅桥平池面宽，飘然轻棹汎澄澜。风宜扇引开怀入，树爱舟行仰卧看。"⑥"卧"是园林诗中的高频词，"闲卧""高卧"是文人雅士的休闲姿态。这种姿态很可能并非只是为了标榜隐居、闲情的虚指，因为这一时期的诗文中出现了不少关于卧具如"席""簟""床"的记载，文人之间的酬答诗文中出现了"簟"，譬如白居易

---

① 《白居易集》卷二三《春题湖上》，第 507 页。

② 《白居易集》卷二三《西湖留别》，第 514 页。

③ 这也是同为西湖文化符号创造者的苏轼喜爱的景观与活动，如"夏潦涨湖深更幽，西风落木芙蓉秋。飞雪暗天云拂地，新蒲出水柳映洲。湖上四时看不足，惟有人生飘若浮"，见《苏轼全集·诗集》卷七《和蔡准郎中见邀游西湖三首（其一）》，第 74 页。

④ 《白居易集》卷二三《杭州回舫》，第 516 页。

⑤ 《画墁录》，第 70 页。

⑥ 《白居易集》卷三五《池晚汎舟，遇景成咏，赠吕处士》，第 800～801 页。

就送过元稹蕲州簟。① 柳宗元说的"攀援而登，箕踞而遨，则凡数州之土壤，皆在衽席之下"已经表明，观者一旦坐定，固定的视角所获得的景色，除了目游就只能靠神游来补充。这对于后世的游观来说是相对不足的，况且登高骛远需要耗费大量的体力，有时甚至还会陵危涉险。舟行游观使得文人风仪与景观获取之间的对接更加顺畅了。②

会昌二年（842），白居易又作《池畔逐凉》："风清泉冷竹修修，三伏炎天凉似秋。黄犬引迎骑马客，青衣扶下钓鱼舟。衰容自觉宜闲坐，蹇步谁能更远游？料得此身终老处，只应林下与滩头。"③ 晚年的白居易自觉体力不支，甚至需要婢女搀扶才能下船，既然蹇步无法胜任远游，那还不如闲坐为宜。所以，白居易更乐于在履道里的池中舟游、池畔闲坐。与这种舟游活动相匹配的是景观格局的重组，除了池中之水成为景观中心，靠近池塘边的林木花草等园景也需要合理规划。湖堤岸的景观要素，如虹桥的安放、花木的培植、亭台的建置等，都需要考虑到景致的开启与遮蔽的作用。于是，平面的湖水与白莲、折腰菱等江南水生植物，中高桥、西平桥、环池路、通三岛径与参差的烟树，以及远

---

① 《元稹集》卷一五《酬乐天寄蕲州簟》，第178页。
② 白居易在苏州刺史任上时，曾为了便利地游虎丘景区，疏浚了一条西起虎丘东至阊门的山塘河，并在山塘河北修建了道路，全长七里，故名曰"七里山塘"。《武丘寺路》记载了此事："去年重开寺路，桃李莲荷，约种数千株。""自开山寺路，水陆往来频。银勒牵骄马，花船载丽人。芰荷生欲遍，桃李种仍新。好住湖堤上，长留一道春。"见《白居易集》卷二四，第550页。这样一来，山塘河街一线上桃红柳绿、芰荷相生的景致便与虎丘景区连为了一体。
③ 《白居易集》卷三六《池畔逐凉》，第838页。

处回环起伏的群山构成了园景的近、中、远三个层次。① 这样，
山就从传统构图的中心位置退到了远方，西湖即是如此（参考
《西湖留别》，也是聚景于湖水与湖边）。② 而嵩洛地区的地形显

---

① 参考前文所引《池上篇（并序）》（《白居易集》卷六九，第 1450～1451 页）。
此外，还有其他诗篇，诸如《春葺新居》："移花夹暖室，洗竹覆寒池。池水变渌色，
池芳动清辉。寻芳弄水坐，尽日心熙熙。"见《白居易集》卷八《春葺新居》，第 165
页。《池畔二首》："结构池西廊，疏理池东树。此意人不知，欲为待月处。持刀间密
竹，竹少风来多。此意人不会，欲令池有波。"见《白居易集》卷八《池畔二首》，
第 165 页。《池上作》："西溪风生竹森森，南潭萍开水沉沉；丛翠万竿湘岸色，空碧
一泊松江心。浦派萦纡误远近，桥岛向背迷窥临。澄澜方丈若万顷，倒影咫尺如千
寻。泛然独游邈然坐，坐念行心思古今。菀菜不闻有泉沼，西河亦恐无云林；岂如
白翁退老地，树高竹密池塘深。华亭双鹤白矫矫，太湖四石青岑岑。"见《白居易
集》卷三〇《池上作》，第 683 页。这种布置模式在当时可能已经变得热门了起来，
同时期在洛阳，湖园的前身即裴度的绿野堂，也是以湖为中心的景物布置，参考
《洛阳名园记》："园中有湖，湖中有堂曰百花洲。……湖北之大堂曰四并堂，名盖不
足胜，盖有余也；其四达而当东西之蹊者桂堂也；截然出于湖之右者迎晖亭也；过
横地、披林莽、循曲迤而后得者梅台知止庵也；自竹迳望之超然，登之脩然者环翠
亭也；眇眇重邃，犹擅花卉之盛，而前据池亭之胜者翠樾轩也。其大略如此。若夫
百花酣而白昼眩，青苹动而林阴合，水静而跳鱼鸣，木落而群峰出，虽四时不同而
景物皆好，则又其不可殚记者也。"见《洛阳名园记》，第 15～16 页。白居易在评价
裴度的园林时说："三江路万里，五湖天一涯；何如集贤第，中有平津池。池胜主见
觉，景新人未知。竹森翠琅玕，水深洞琉璃。水竹以为质，质立而文随。"见《白居
易集》卷二九《裴侍中晋公以集贤林亭即事诗二十六韵见赠，猥蒙征和。才拙词繁，
辄广为五百言，以伸酬献》，第 666～667 页。这一评价明显是以水为中心的论述。
洛阳的政治地位与自然环境为江南时代的到来，提供了一个过渡缓冲期。

② 履道里宅园仿西湖的痕迹还可见于一湖三仙山的景观模式，这个模式主要见
于早期园林、后期皇家苑囿，以及西湖的湖中三岛——三潭印月（即小瀛洲）、湖心
亭、阮公墩。履道里也于池中建造了三岛，《池上篇（并序）》："罢苏州刺史时，得太
湖石、白莲、折腰菱、青板舫以归；又作中高桥，通三岛径。"见《白居易集》卷六九
《池上篇（并序）》，第 1450 页。山从中心退居为远山的这一变化，在宋时杭州、湖州、
苏州三地的园林中被固定了下来。叶适评："天下山水之美，而吴兴特为第一。""吴兴
山水清远，……城中二溪水横贯，此天下之所无，故好事者多园池之胜。"第一位的南
沈尚书园中心是一个几十亩的大池，中有小山，谓之蓬莱，池南竖太湖三大石。第二
位的北沈尚书园中凿五池，三面皆水，有灵寿老院、怡老堂、溪山亭、对湖台，尽见
太湖诸山。见［宋］周密：《癸辛杂识》前集《吴兴园圃》，中华书局，1988 年，第 7
～14 页。

然也为这种景观布局提供了便利。^① 远借山景的局面开始真正打开（杜甫的浣花溪草堂虽然也远借西岭雪山之景，但是雪山距离成都城有近百公里之远）。这是中唐园林"山水"二元向"水石"二元变迁的另一个侧面（如前所述，元结、柳宗元在湘南也推动了这个变化）。^② 船舫的路线是这个景观空间重组的驱动力之一。^③

　　船舫游园在后世进一步发展，衍生出了两条分支，其一就是将游船固定为园景，在园林中置石舫，如欧阳修的《画舫斋记》：

---

　　① 关于洛阳周边的山，也可以参考司马光记载的"见山台"建造缘由："洛城距山不远，而林薄茂密，常苦不得见。乃于园中筑台，构屋其上，以望万安轩辕，至于太室。命之曰：'见山台'。"见〔宋〕司马光：《司马温公文集》卷一三《独乐园记》，中华书局，1985年，第304～305页。

　　② 周密认为："前世叠石为山，未见显著者。至宣和，艮岳始兴大役……"见《癸辛杂识》前集《假山》，第14～15页。拟为水石取代山水的一条旁证。虽然宋以前，假山就已经出现，但并未形成显著的气候。

　　③ 米歇尔·德·塞托（Michel de Certean）认为"看"与"行"是具有象征性和人类学意义的两种空间语言。"看"是科学性的表述，展现观察者中立的整体视觉。而"行"则涉及更具日常文化特征的表述。前者展现的是一幅图的面貌（"这里有什么"之类），后者则组织成某些行动（"你走进去，穿过去，拐个弯"之类）。因此，当从地图式的"看"的描绘转换成游观式的"行"的描述时，一个景点就会被分解成小型的视觉单元集合。参考〔法〕米歇尔·德·塞托著，方琳琳、黄春柳译：《日常生活实践：1. 实践的艺术》，南京大学出版社，2015年，第202页。此外段义孚也有相似的观点：大多数运动都不是以家和目的地构成的两极点结构为主，而或多或少有绕道或钟摆形式。就以日常家居生活而言，我们在桌、椅、厨房盥洗盆和门廊上的秋千等地点间穿梭，就是相当复杂的路径，这些都是地方，是组成世界的中心点。因此，由于使用该路径的习惯的结果，路径本身要求一个布置各"地方点"的意义的密度和稳定度。路径和路径的停驻组成一个较大的地方，即家。当我们准备接受我们的家是一个有意义的地方时，我们必须特别注意到较小的地方存在于家之内，我们的注意力集中在整间屋，因为屋有明确的环境性和可见性的突出结构，墙壁和屋顶表示了独特的联合形状，如果把墙和屋顶除去，其内部的小地方如桌子和厨房盥洗盆等立即呈现为重要的地点，对错综复杂的路径、运动中的停驻、日常的和循环时间的记录等皆很有意义。见《经验透视中的空间与地方》，第174页。

凡入予室者如入乎舟中。其温室之奥，则穴其上以为明；其虚室之疏以达，则阑槛其两旁以为坐立之倚。凡偃休于吾斋者，又如偃休乎舟中。山石崭岦，佳花美木之植列于两檐之外，又似泛乎中流，而左山右林之相映，皆可爱者。故因以舟名焉。①

这种寄托江湖之思的石舫，成了江南园林中常见的设置，可参考苏州拙政园"香洲"，南京煦园中有"不系舟"，以及北京颐和园的"清晏舫"（图 2），等等。

图 2　清晏舫（笔者摄于北京颐和园）

另一分支，则出现了以舟为园的极端现象，典型如晚明王汝谦的不系园，程巍在《题不系园》中曰："湖山到处一图悬，卜筑犹嫌选胜偏。看遍好花凝缩地，坐深漱月似移天。"② 选择形胜地建园只能偏取一地，但是乘坐"不系园"泛游西湖时，却能

① ［宋］欧阳修著，李逸安点校：《欧阳修全集》卷三九《画舫斋记》，中华书局，2001 年，第 567～569 页。
② ［明］汪汝谦：《不系园集》，武林掌故丛编本，广陵书社，2008 年，第 12 页。

随着船的行驶，不必跋涉就能遍看好花美景：观者但坐舫内，借船窗取景，西湖之景色移天缩地入君怀。①

关于这种借景的方式，李渔在《闲情偶寄》中解释得非常详尽：

> 船之左右，止有二便面，便面之外，无他物矣。坐于其中，则两岸之湖光山色、寺观浮屠、云烟竹树，以及往来之樵人牧竖、醉翁游女，连人带马尽入便面之中，作我天然图画。且又时时变幻，不为一定之形。非特身行之际，摇一橹，变一像，撑一篙，换一景；即系缆时，风摇水动，亦刻刻异形。是一日之内，现出百千万幅佳山佳水，总以便面收之。②

所以，拥有一只船便可拥有变幻万千的园景，也就拥有了一座景色无限的园林。这是舟行游观在景观获取上的最大突破。这种理念引发了观者凝眸着力于园林景观单元的破碎化，以至明晚期出现了景观结构不复存在的极端现象，即"纸上造园"的潮流。③清代前期，钱泳在游览了各地的园林遗迹后甚至感慨道："园亭不在宽广，不在华丽，总视主人以传。……园亭不必自造，凡人之园亭，有一花一石者，吾来啸歌其中，即吾之园亭矣，不亦便哉！"④

---

① 杨晓山认为8世纪开始唐诗中出现了一个新的倾向：开阔的风景不断地出现在小型的窗户里。参考《私人领域的变形：唐宋诗歌中的园林与玩好》，第53页。这种框取的过程本身就体现着作者、园主的操控能力。

② 《闲情偶寄》，第193～194页。

③ 文韬：《从"以文存园"到"纸上造园"——明清园林的特殊文学形态》，《文学遗产》2019年第4期。

④ ［清］钱泳：《履园丛话》卷二〇《造园》，中华书局，1979年，第545～546页。

　　六朝时江南地区就出现了文人园林。在唐前期，园林的中心城市集中在西部秦岭、蜀嶂及嵩洛地区，自然地理环境便利了皇家贵族的园林审美观持续对文人园林发挥着强势的影响力。随着开发浪潮南涌至湘南越北，触碰到了边界的同时，也宣告了凭借边地来实现超越性的上层园林活力的消亡。

　　六朝至唐中后期，江南水利的开发逐步形成了塘浦圩田系统。环境的改良推动开发区域从高地走向低地，陆龟蒙的家宅即是一例，他的家宅"有田数百亩，屋三十楹，田苦下，雨潦则与江通，故常苦饥"①。这个背景连同江南的精耕农业对园林造成的"胁迫作用"，促使水石取代山水，也为南宋以后园林中心转移至太湖周边地区打下了基础。② 文人群体的频繁游历，使得江南的地理环境成为审美的新标准。③ 它如滤网一般，逐渐过滤掉了此前审美风潮中的大自然山水园林的框架结构。

　　这种地理开发的背景在社会内部也出现了明显的征候。从社会背景的角度来说，柳宗元等人参与在内的古文运动是新兴地主领导的斗争，这场运动不仅涉及文学和政治，与门阀世族庄园经

---

　　① 《新唐书》卷一九六《陆龟蒙传》，第 5613 页。
　　② 继陶渊明耕隐意象形成后，江南生境与此结合，在晚唐形成了耕渔境界。到南宋时，田园诗的创造达到高峰，耕渔意象十分流行，参考《江南环境史研究》，第 68 页。
　　③ 杨晓山认为："在中唐的园林艺术里，最符合审美理想的是江南风光。"见《私人领域的变形：唐宋诗歌中的园林与玩好》，第 67 页。此外，薛爱华也认为文学作品中对南越的鉴赏，是由来已久的对江南美景的鉴赏的延伸。见《朱雀：唐代的南方意象》，第 300 页。

济的破产也难以分割开来。①

唐王朝推行均田制，以取代此前占田的形式，《通典》记载：

其永业田，亲王百顷，职事官正一品六十顷，郡王及职事官从一品各五十顷，国公若职事官正二品各四十顷，郡公若职事官从二品三十五顷，县公若职事官正三品各二十五顷，职事官从三品二十顷，侯若职事官正四品各十四顷，伯若职事官从四品各十顷，子若职事官正五品各八顷，男若职事官从五品各五顷，上柱国三十顷，柱国二十五顷，上护军二十顷，护军十五顷，上轻车都尉十顷，轻车都尉七顷，上骑都尉六顷，骑都尉四顷，骁骑尉、飞骑尉各八十亩，云骑尉、武骑尉各六十亩。其散官五品以上同职事给，兼有官爵及勋俱应给者，唯从多，不并给。若当家口分之外，先有地非狭乡者，并即回受，有滕追收，不足者更给。诸永业田皆传子孙，不在收授之限，即子孙犯除名者，所承之地亦不追。②

严格执行均田制的首要前提是国家掌握大量的无主荒地。唐初由国家掌握的荒闲土地尚多，具备推行均田制的条件。③但是，均田制也没有完全打破大面积的庄园形式，皇亲国戚、豪门大族侵占土地的记载比比皆是。到荒地进一步减少时，均田制就岌岌可危了。《册府元龟》引天宝十一载（752）十一月乙丑诏：

---

① 黄云眉：《柳宗元文学的评价》，《文史哲》1954年第10期；〔日〕重沢俊郎：《柳宗元に见える唐代の合理主义》，《日本中国学会报》1951年3期。

② 〔唐〕杜佑：《通典》卷二《食货二·田制下》，中华书局，1988年，第29～30页。

③ 唐长孺：《魏晋南北朝隋唐史三论：中国封建社会的形成和前期的变化》，武汉大学出版社，1992年，第256～259页。

如闻王公百家及富豪之家，比置庄田，恣行吞并，莫惧章程。借荒者皆有熟田，因之侵夺；置牧者唯指山谷，不限多少。爰及口分、永业，违法卖买。或改籍书，或云典贴，致令百姓无处安置。乃别停客户，使其佃食，既夺居人之业，实生浮惰之端，远近皆然，因循亦久。①

表明王公百家及富豪之家的侵田事件已经"远近皆然，因循已久"。《通典》又在开元二十五年（737）颁布的均田制令后注："虽有此制，开元之季，天宝以来，法令弛宽，兼并之弊，有踰于汉成哀之间。"② 直指天宝以来均田制的崩坏。建中元年（780），朝廷颁布以资产为宗的两税制，标志租庸调制的彻底崩溃。赋税不再以人丁为本，文簿上丁中受田的文字游戏已毫无必要，早已成具文的均田制也就在法令、文簿上完全消失了，国家遂完全放弃了抑制兼并的企图。③ 故而有陆贽的奏议：

今制度弛紊，疆理隳坏，恣人相吞，无复畔限。富者兼地数万亩，贫者无容足之居，依託强豪，以为私属，贷其种食，赁其田庐，终身服劳，无日休息，罄输所假，常患不充。有田之家，坐食租税，贫富悬绝，乃至于斯。厚敛促征，皆甚公赋。今京畿之内，每田一亩，官税五升，而私家收租，殆有亩至一石者，是二十倍于官税也。降及中等，租犹半之，是十倍于官税也。夫以土地王者之所有，耕稼农夫之所为，而兼并之徒，居然受利。官

---

① ［宋］王钦若等编：《册府元龟》卷四九五《邦计部·田制》，中华书局，1960年，第5928页。

② 《通典》卷二《食货二·田制下》，第32页。

③ 《魏晋南北朝隋唐史三论：中国封建社会的形成和前期的变化》，第267页。

取其一，私取其十，稀人安得足食，公廪安得广储，风俗安得不
贪，财货安得不壅！①

　　虽然土地兼并导致大土地所有制，但是我们也能从陆贽的这
段话中看出，唐代的庄园情况与前代大庄园的经营方式已经大不
相同，不再是"供粒食与浆饮，谢工商与衡牧"② 自耕自足的封
闭小社会，而是将土地分成若干个小块，租赁给佃户，坐收租
金。③ 这就部分地打破了门阀大庄园景观的整体性。《三水小牍》
记载："许州长葛令严郜，衣冠族也。……咸通中，罢任，乃于
县西北境上陉山阳置别业，良田万顷，桑柘成阴，奇花芳草，与
松竹交错，引泉成沼，即阜为台，尽登临之志矣。"④ 这类大规
模的富丽庄园景观，就不再如谢灵运时代以大概率存在，而是以
个别极端事件的面目记录在籍。

　　在六朝时期自耕自足的庄园中，直接劳动者是奴隶等依附

　　① 〔唐〕陆贽：《陆贽集》卷二二《中书奏议·均节赋税恤百姓六条·其六论兼
并之家私敛重于公税》，中华书局，2006 年，第 768～769 页。
　　② 《谢灵运集校注》，第 324 页。
　　③ 关于此时小型田块的耕作模式的探讨成果较多，还可以参考唐长孺：《唐代
的客户》，载《山居存稿》，第 114～146 页；《中国环境史：从史前到现代》，第 176
页；Denis Twitchett, Land Tenure and the Social Order in Tang and Sung China.
London: School of Oriental and African Studies, University of London, 1962；Mark
Elvin, The Last Thousand Years of Chinese History: Changing Patterns in Land
Tenure. Modern Asian Studies, Vol. 4, No. 2, 1970；Peter J. Golas, Rural China in
the Song. The Journal of Asian Studies, Vol. 39, No. 2, 1980；Joseph P. McDermott,
Charting Blank Spaces and Disputed Regions: The Problem of Sung Land Tenure. The
Journal of Asian Studies, Vol. 44, No. 1, 1984.
　　④ 〔唐〕皇甫枚：《三水小牍》卷下《郑大王聘严郜女为子妇》，中华书局，
1960 年，第 48 页。

者。① 因为要满足日常生活各门类所需，所以种植的植物之类必然属于杂植，相应地，景观就会出现多个层次，如《颜氏家训》所云："生民之本，要当稼穑而食，桑麻以衣。蔬果之畜，园场之所产；鸡豚之善，坍圈之所生。爰及栋宇器械，樵苏脂烛，莫非种殖之物也。至能守其业者，闭门而为生之具以足，但家无盐井耳。"② 在唐时，庄园的产出大都需要流入市场，土地景观往往就会出现大面积种植单一作物的情况，这样的景色就很难被称为园林。

因此，唐长孺认为唐代的农庄可分为庄园和庄田两类。庄园之园是均田令中园宅地之园，通常都在庄宅的周围，以种植蔬菜瓜果为主，间有药材、茶叶以及供观赏花木的种植。一般由庄主或其代理人直接经营。劳动者多半是奴婢身份的所谓家童、佣保以及雇佣身份的所谓庄客、役客，还包括一部分佃客。庄园面积大小不等；庄田之田则一般是种植谷物的大田。庄田不必在庄宅周围，通常面积较大，劳动者主要是缴纳高额田租的佃农，间或也有雇农。③ 易言之，大土地所有制的庄园被打破了，规划有园林景观的土地只是大庄园中家宅附近的一小部分，这就限制了造园的土地面积。

此外，唐中央也致力瓦解大族势力，太宗修《氏族志》，此后武后又重修《姓氏录》。这一系列的努力致使唐中后期社会进

① 《三至六世纪江南大土地所有制的发展》，第74～99页。
② ［南北朝］颜之推原著，王利器撰：《颜氏家训集解（增补本）》卷一《治家篇》，中华书局，1993年，第43页。
③ 《魏晋南北朝隋唐史三论：中国封建社会的形成和前期的变化》，第270页。

一步"扁平化"，大族蓄奴的数量也明显地减少。① 而这个群体
正是上述"庄园之园"劳动力的主要来源。

同时，科举制的兴起孕育了文人阶层，世俗地主经由科举跻
身上层，必然会将世俗的气息带进上层。他们对园林景观有不同
的看法，不喜皇族门阀的铺排奢豪，而偏好符合文人审美的山居
草堂。正如前文所引的李白批评建园华丽的观点②，杜甫、王
维、白居易、元结、柳宗元等人都是以自然山水为依托，建造了
简朴的园林。皇族的代表太平公主遭到了韩愈的嘲笑。③ 李德裕
的平泉山庄也受尽嘲讽，康骈《剧谈录》曰："初，德裕之营平
泉也，远方之人多以土产异物奉之。故数年之间，无物不有。时
文人有题平泉诗者：'陇右诸侯供语鸟，日照太守送花钱。'威势
之使人也。"④ 康骈认为平泉山居是威势的产物。到了科举制更
为兴盛的宋朝，情况还在持续发酵，文彦博《又读平泉花木记》
三首指陈李德裕性奢恋物，夸权贪婪，文饰其非。⑤ 此外，文同

---

① 陈灵海：《唐代籍没制与社会流动——兼论中古社会阶层的"扁平化"动
向》，《复旦学报（社会科学版）》2015 年第 1 期。

② 《李太白全集》卷二七《夏日陪司马武公与群贤宴姑熟亭序》，第 1258～
1260 页。

③ "公主当年欲占春，故将台榭压城闉。欲知前面花多少，直到南山不属人。"
见《韩愈全集校注》，第 668 页。

④ 《剧谈录》，第 64 页。

⑤ 其一："历览《平泉记》，文饶性苦奢。如何伊上墅，多是日南花。美荫皆奇
树，清芬悉异葩。安知桃李盛，不及晋公家。"其二："竹树环青嶂，楼台生碧烟。
珍奇穷四海，景象冠三川。上党夷凶日，太和归国年。此时能勇退，应遂老平泉。"
其三："吾观李太尉，所失在夸权。名遂不知退，膏明惟自煎。终身恋华组，何日到
平泉。徒有思归意，歌诗盈百篇。"见［宋］文彦博：《文潞公文集》卷四《又读平
泉花木记》，宋集珍本丛刊，四川大学出版社，2004 年，第 292 页。

《书〈平泉草木记〉后二首》也认为李德裕利用手中权势，搜刮四方草木，"定非端洁士"，"丑名终未已"。①

科举文人群体所批评的是整个上层的审美观念，而李德裕只是位于靶心的代表人物之一。白居易批评豪门园林"大池高馆不关身"②，在《自题小园》中记述：

不斗门馆华，不斗林园大；但斗为主人，一坐十余载。回看甲乙第，列在都城内；素垣夹朱门，蔼蔼遥相对。主人安在哉？富贵去不回。池乃为鱼鉴，林乃为禽栽。何如小园主？拄杖闲即来；亲宾有时会，琴酒连夜开。从此卿自足，不羡大池台。③

用鱼、禽等点缀的可亲的自然，顺接陶渊明式以"闲"为主小园林的发展脉络，又用亲朋宴会呼应了关于自足的"闲适"主张，故而"不羡大池台"。白居易关于小园的造景手法也一合中唐传统，洛阳履道里池边的置石景观"澄澜方丈若万顷，倒影咫尺如千寻"④，池西用嵩山石叠置驳岸，"嵌巉嵩石峭，皎洁伊流清；立为远峰势，激作寒玉声"⑤，都是在用石象征比拟高山。

于是，就能很清楚地看到，这时的园林主要存在贵族宫禁苑

---

① 其一："卫公当国日，力与天地均。平泉植草木，取尽四方春。海岳欲必得，亦能役鬼神。可笑身未冷，已闻属他人。"其二："公岂不聪明？嗜好乃如此。若非以私饵，是物安至此。彼致者何人？定非端洁士。草木固为尘，丑名终未已。"见〔宋〕文同著，胡问涛、罗琴校注：《文同全集编年校注》卷五《书〈平泉草木记〉后二首》，巴蜀书社，1999 年，第 200～202 页。

② 《白居易集》卷三二《重戏答》，第 722 页。

③ 《白居易集》卷三六《自题小园》，第 818 页。

④ 《白居易集》卷三〇《池上作》，第 683 页。

⑤ 《白居易集》卷三六《亭西墙下伊渠水中，置石激流，潺湲成韵，颇有幽趣，以诗记之》，第 821 页。

围表征的壮丽富贵，和文人山居草堂要求的幽僻简素两种风尚。[①] 这两种风尚是以两种政治、经济身份为基础的文化品位。这种分流在谢灵运、陶渊明的时代就已经出现，但是并不明朗，毕竟陶渊明代表的寒门阶层园林观在门阀时代属于小众，而前者的华丽成分在不断蓄积。

在唐前期，世族门阀的大庄园文化占据主导潮流的现象依旧很明显，文人阶层的壮美情怀在诗文中体现得也很明显，如王勃《山亭兴序》：

> 人高调远，地爽气清。抱玉策而登高，出琼林而更远。汉家二百所之都郭，宫殿平看；秦树四十郡之封畿，山河坐见。……珠城隐隐，阑干象北斗之宫；清渭澄澄，混漾即天河之水。长松茂柏，钻宇宙而顿风云；大壑横溪，吐江河而悬日月。凤凰神岳，起烟雾而当轩；鹦鹉春泉，杂风花而满谷。望平原，荫丛薄。山情放旷，即沧浪之水清；野气萧条，即崆峒之人智。摇头坐唱，顿足起舞。风尘洒落，直上天池九万里；邱墟雄壮，傍吞少华五千仞。裁二仪为舆盖，倚八荒为户牖。[②]

"抱玉策而登高，出琼林而更远"，焦点一半在地上的宫殿、山河，一半在天上的北斗、天河，目的是将地上景物导向天界，即"珠城隐隐，阑干象北斗之宫；清渭澄澄，混漾即天河之水"之类，也将神异景色拉到居处，"裁二仪为舆盖，倚八荒为户牖"。追求的是谢灵运式雄壮的胸怀与视角，甚至更为夸张。

---

① 陈瑞源：《中国造园与中国山水画相关之研究》，台湾大学学位论文，1972 年。
② 《全唐文》卷一八〇《山亭兴序》，第 809 页。

陈子昂的《晦日宴高氏林亭（并序）》：

发挥形胜，出凤台而啸侣；幽赞芳辰，指鸡川而留宴。列珍羞于绮席，珠翠琅玕；奏丝管于芳园，秦筝赵瑟。……香车绣毂，罗绮生风，宝盖琱鞍，珠玑耀日。于时律穷太簇，气淑中京。山河春而霁景华，城阙丽而年光满。……伟矣，信皇州之胜观也！①

落笔更多在于园林的繁华与宴会的奢侈，而这种描写手法都是为了将地上的生活超脱于人间。这两篇文章都是骈文，藻绘相饰，展现的是初唐园林繁盛豪奢的气势。中唐，韩愈、柳宗元等新兴地主高举复古大旗，领导古文运动，与质朴自由的文笔相匹配的是简朴的小园。② 到了宋朝，文人群体进一步壮大，这种发展趋势就变得更加不可逆转，即便宋徽宗所建造的以奢侈著称的艮岳，也不过"山周十余里，其最高一峰九十步"③。

相伴而生的是陶渊明地位的上升。《文选》收录了谢灵运大多数的山水诗赋，收录的陶渊明的诗文却较少且不以山水诗为

① 《全唐诗》卷八四《晦日宴高氏林亭（并序）》，第 910～911 页。

② 随着世族大地主阶级的发展而专致力于声病对偶形式美的骈体文学，经过唐代以韩愈、柳宗元为首，宋代以欧阳修为首的两次古文运动，即散文运动的打击后，终于开始走上衰亡的道路。我们知道古文运动的胜利，不只是少数领导者主观努力的成就，而是新兴地主同时在文学上、政治上长期斗争的结果。见黄云眉：《柳宗元文学的评价》，《文史哲》1954 年第 10 期。

③ ［元］脱脱等：《宋史》卷八五《地理志》，中华书局，1985 年，第 2101 页。陆扬认为，开元以后，强调文学素质与特定职位的相互依托形成一种新的判定精英的核心标准，取代了原来以郡望或官品等为主的评判标准。这一观念在中晚唐的实际生活中起到了类似南北朝门阀时代以出身划定精英群体的作用，体现了文字与权威之间的对应关系。参考陆扬：《清流文化与唐帝国》，北京大学出版社，2016 年，第 213～263 页。

主。《文心雕龙》、《宋书·谢灵运传论》及《南齐书·文学传论》评价了晋宋时期的重要文人，却对陶渊明只字不提。钟嵘的《诗品》将陶渊明定为中品，引起后人的普遍不满。钱钟书评析："记室评诗，眼力初不甚高，贵气盛祠丽……故最尊陈思、士衡、谢客三人……宜与渊明之和平淡远，不相水乳，所取反在其华靡之句，仍囿于时习而已。"[1] 在钟爱华靡的六朝，谢灵运与陶渊明具有阶层结构性的"高下"之别。

到了唐代，情况开始发生变化，唐人每遇隐居诸题时，偶用陶公故事，其人其事也被唐代文坛普遍关注。唐人"不言效陶，而最神似"，杜甫、刘禹锡、白居易、许浑、薛能等的诗文都能体现。杜甫"优游谢康乐，放浪陶彭泽"，将"陶谢"并举，指出二人悠游山水方面的一致性，于是二者被统合称为"山水田园诗派"。并且安史之乱后，文人生活的天地缩小了，文人一改积极进取的精神风貌，转而倾向冷静思考和闲情逸致，或耽于山水，或闲居田园，这成了陶渊明接受史的一个转折点。[2] 其中一个典型的例子就是柳宗元，他在永贞改革失败后被贬永州、柳州的十几年，写下大量的山水田园诗歌，明显受到了陶渊明的影响。苏轼评价："所贵乎枯淡者，谓其外枯而中膏，似淡而实美，渊明、子厚之流是也。"[3] 将陶、柳二人并举。但柳宗元并非纯

---

① 钱钟书：《谈艺录》，第 265 页。

② 吴兆路：《陶渊明的文学地位是如何逐步确立的》，《渭南师专学报（社会科学版）》1993 年第 2 期。

③ 《苏轼全集·文集》卷六七《评韩柳诗》，第 2124 页。

粹的陶渊明传人，蔡绦认为柳宗元："至味自高，直揖陶谢。"①
前文所引杜佑的《杜城郊居王处士凿山引泉记》②，以及武少仪
的《王处士凿山引瀑记》③中，杜、武二人对王易简"凿山引
泉"的造园过程有不同的强调：杜佑更多关注的是登临之景的布
置，而武少仪则侧重在理水。这就很容易让人觉得，此时的分裂
痕迹已经很明显。

　　白居易"澄澜方丈若万顷，倒影咫尺如千寻"，以及李华
《贺遂员外药园小山池记》那种拳石勺水象征衡巫、江湖的园林
造景，并不是孤案。韦应物的《题石桥》咏郡斋之内的一片置
石："远学临海峤，横此莓苔石。郡斋三四峰，如有灵仙迹。方
愁暮云滑，始照寒池碧。自与幽人期，逍遥竟朝夕。"④《尔雅·
释山》曰："锐而高，峤。"⑤韦应物的这片置石是用来象征搭建
在锐而高的山间的莓苔石桥。借助于想象力"践莓苔之滑石"⑥，
韦应物收获了孙绰游仙诗中的壮美奇景。⑦这是元结在道州的

　　①　［宋］魏庆之编：《诗人玉屑》，上海古籍出版社，1959年，第259页。
　　②　《全唐文》卷四七七《杜城郊居王处士凿山引泉记》，第2160页。
　　③　《全唐文》卷六一三《王处士凿山引瀑记》，第2741页。
　　④　［唐］韦应物著，孙望编著：《韦应物诗集系年校笺》卷七《题石桥》，中华书局，2002年，第366页。
　　⑤　［晋］郭璞注：《尔雅》卷下《释山》，中华书局，1985年，第87页。
　　⑥　出自孙绰的《游天台山赋》，载《文选》卷一一《游天台山赋》，第493～502页。
　　⑦　此外，还有权德舆《奉和太府韦卿阁老左藏库中假山之作》："忽向庭中摹峻极，如从洞里见昭回。小松已负于霄状，片石皆疑缩地来。"见《全唐诗》卷三二一《奉和太府韦卿阁老左藏库中假山之作》，第3616页。李中《题柴司徒亭假山》："叠石峨峨象翠微，远山魂梦便应稀。从教藓长添峰色，好引泉来作瀑飞。萤影夜攒疑烧起，茶烟朝出认云归。知君创得兹幽致，公退吟看到落晖。"见《全唐诗》卷七四八《题柴司徒亭假山》，第8512～8513页。

"石鱼"、白居易的"太湖石"① 之外，又一个以片石幻化山水的个案。韦应物虽然是"城南韦杜"的后人，但是已经明显地具备文人趣味。

此外，这种现象还表明引导仙界想象力的神异，不再集中在山，而是集中在石上。园林的人工控制程度加深，致使造物主的神性在园林内部更容易为人的生活所接近，原本人类想象中包含了园林的仙境具化而成了庭园园林的内部组成。此前登高怀古的主题，也逐渐演变成了淡忘时间概念的主题，如园内的文人弈棋②，以及后世绵延的"山静日长"主题③，皆是此类。这种背景下的园林，才真正成为超越了时间以及空间的艺术存在。

---

① 参考白居易《太湖石》《太湖石记》《杨六尚书留太湖石在洛下，借置庭中，因对举杯，寄赠绝句》等篇，分别见《白居易集》，第 491～492、1543～1545、833 页。

② 参考《诗情与幽静：唐代文人的园林生活》，第 522～523 页。

③ 唐庚《醉眠》："山静似太古，日长如小年。余花犹可醉，好鸟不妨眠。"《鹤林玉露》："唐子西诗云：'山静似太古，日长如小年。'余家深山之中，每春夏之交，苍藓盈阶，落花满径，门无剥啄，松影参差，禽声上下。午睡初足，旋汲山泉，拾松枝，煮苦茗啜之。随意读《周易》《国风》《左氏传》《离骚》《太史公书》及陶杜诗、韩苏文数篇。从容步山径，抚松竹，与麛犊共偃息于长林丰草间。坐弄流泉，漱齿濯足。既归竹窗下，则山妻稚子，作笋蕨，供麦饭，欣然一饱。弄笔窗间，随大小作数十字，展所藏法帖、墨迹、画卷纵观之。兴到则吟小诗，或草《玉露》一两段。再烹苦茗一杯，出步溪边，邂逅园翁溪友，问桑麻，说秔稻，量晴校雨，探节数时，相与剧谈一饷。归而倚杖柴门之下，则夕阳在山，紫绿万状，变幻顷刻，恍可人目。牛背笛声，两两来归，而月印前溪矣。味子西此句，可谓妙绝。然此句妙矣，识其妙者盖少。彼牵黄臂苍，驰猎于声利之场者，但见衮衮马头尘，匆匆驹隙影耳，乌知此句之妙哉！人能真知此妙，则东坡所谓'无事此静坐，一日是两日，若活七十年，便是百四十'，所得不已多乎！"见［宋］罗大经：《鹤林玉露》丙编卷四《山静日长》，中华书局，1983 年，第 304 页。"春深庭院，贺长日真如小年。"见［明］吴炳著，罗斯宁校注：《绿牡丹》第三出《谢咏》，上海古籍出版社，1985 年，第 13 页。

这种拳石勺水的造景就是后来江南园林的主要模式，文震亨《长物志》曰："石令人古，水令人远。园林水石，最不可无。要须回环峭拔，安插得宜。一峰则太华千寻，一勺则江湖万里。"[①]"水石"在中唐之后的江南园林中完全取代了早期园林世界中的"山水"。与小尺度同步的，还有柳宗元之类的取意无穷的曲奥造景，发展的下一步就是："若夫园亭楼阁，套室回廊，叠石成山，栽花取势，又在大中见小，小中见大，虚中有实，实中有虚，或藏或露，或浅或深，不仅在周回曲折四字，又不在地广石多徒烦工费。或掘地堆土成山，间以块石，杂以花草，篱用梅编，墙以藤引，则无山而成山矣。"[②] 正如李华所说，"以小观大，则天下之理尽矣"，大庄园的空间性质的超越性也开始转向文人的这种"以小观大"，以及后文将讨论的与"以大观小"相整合的内省式超越。于是，"小园"成为诗歌，甚至是诗题的高频词，此时的文人多半都有关于"小园"的诗歌，如杜甫《小园》《暇日小园散病将种秋菜督勒耕牛兼书触目》，白居易《自题小园》，羊士谔《永宁小园即事》，李商隐《小园独酌》，杨发《小园秋兴》，钱起《小园招隐》，等等。与此同时，还有各种效陶潜体的诗文出现，如前文所引的白居易《效陶潜体诗十六首》，以及韦应物《效陶彭泽》《与友生野饮效陶体》等。

但是，我们也应该明白，这些新出现的因素并不是彻底的革新，柳宗元的旷奥两宜仍然是当时的常态。到了宋代，郭熙在

① ［明］文震亨：《长物志》卷三《水石》，中华书局，2013年，第81页。
② ［清］沈复：《浮生六记》卷二《闲情记趣》，上海古籍出版社，2000年，第59页。

《林泉高致》中赞曰："柳子厚善论为文，余以为不止于文，万事有诀，尽当如是，况于画乎？"① 直言柳文对绘画的引领作用。引荐郭熙进入北宋画院的宰相富弼，在洛阳营建了富郑公园，《洛阳名园记》对此品评道：

> 洛阳园池多因隋唐之旧，独富郑公园最为近辟，而景物最胜。游者自其第东出探春亭，登四景堂，则一园之景胜可顾览，而得南渡通津桥，上方流亭，望紫筠堂，而还右旋花木中有百余步，走荫樾亭，赏幽台，抵重波轩而止直北走土筠洞，自此入大竹中，凡谓之洞者，皆斩竹丈许，引流穿之，……历四洞之北有亭五错列竹中，……遵洞之南而东还有卧云堂，堂与四景堂并南北，左右二山背压通流，凡坐此则一园之胜可拥而有也。郑公自还政事归第，一切谢宾客，燕息此园，几二十年，亭台花木，皆出其目营心匠，故透迤衡直，闳爽深密，皆曲有奥思。②

四景堂，一园之景胜可览；卧云堂，与四景堂并南北，一园之胜可拥而有。除了这两个于高处着眼的堂，园内还有不少可供临时停歇的亭台，同时也有花木幽深的筠洞，曲径环流，藏隐显露，旷奥间隔，"目营心匠，故透迤衡直，闳爽深密，皆曲有奥思"。据此，富郑公园被《洛阳名园记》列在了十九园之首。此外，《洛阳名园记》中还有一句意义非凡的简要概括："洛人云园圃之胜，不能相兼者六：务宏大者少幽邃，人力胜者少苍古，多

---

① ［宋］郭熙著，［宋］郭思编：《林泉高致·山水训》，中华书局，2010 年，第 28 页。

② 《洛阳名园记》，第 1～2 页。

水泉者艰眺望。兼此六者，惟湖园而已。"① 此二例，说明中唐
至北宋时期高官的私家园林追求的都已经是旷奥两宜的景
致了。②

　　除了洛阳，江南地区著名的文人园林，如北宋苏舜钦的沧浪
亭也以旷奥并置为特色。苏舜钦"思得高爽虚辟之地，以舒所
怀，……东顾草树郁然，崇阜广水，不类乎城中。并水得微径于
杂花修竹之间。东趋数百步，有弃地，纵广合五六十寻，三向皆
水也。杠之南，其地益阔，旁无民居，左右皆林木相亏蔽"③。
凭借这种自然资源建造而成的沧浪亭，既有"聊上危台四望
中"④，也有"花枝低欹草色齐，不可骑入步是宜"⑤。

　　台在园林中也依旧占有一席之地，只是规模大大缩小，白居
易《小台》曰："新树低如帐，小台平似掌。六尺白藤床，一茎
青竹杖。风飘竹皮落，苔印鹤迹上。幽境与谁同？闲人自来
往。"⑥ 到了北宋，司马光的独乐园："（独乐）园卑小不可与它
园班，其曰读书堂者，数十椽屋，浇花亭者益小，弄水种竹轩者
尤小，曰见山台者高不过寻丈，曰钓鱼庵，曰采药圃者，又特结
竹杪落蕃蔓草为之耳。"⑦ 这些台都已经不同于前世的大型建筑，

　　① 《洛阳名园记》，第 15 页。
　　② 湖园"在唐为裴晋公宅园"，裴晋公即裴度，与富郑公园主富弼，都是位极
人臣的宰相。
　　③ ［宋］苏舜钦著，沈文倬点校：《苏舜钦集》卷一三《沧浪亭记》，上海古籍
出版社，1981 年，第 157～158 页。
　　④ 《苏舜钦集》卷七《沧浪亭怀贯之》，第 80～81 页。
　　⑤ 《苏舜钦集》卷八《独步游沧浪亭》，第 87 页。
　　⑥ 《白居易集》卷三〇《小台》，第 681 页。
　　⑦ 《洛阳名园记》，第 14～15 页。

不再是所谓"亭台具旷士之怀"①，"楼观台榭，宣人之滞也"②
的用途。与"亭在山下，水中央"相同步的，还有新出现的建台
位置，如北宋枢密直学士蒋堂在苏州灵芝坊所建的隐圃，"筑南
湖台于水中"③。这是一座典型的亲水台，"危台竹树间，湖水伴
身闲"④。以及刘攽《清涟阁》所描绘的"平湖侵危台，天水相
近入"⑤，亦是此类。

　　至此，旷景已与前代大不相同。白居易在《中隐》中还说：
"君若好登临，城南有秋山。君若爱游荡，城东有春园。"照此说
法，文人的私家园林主要是为了游荡（奥曲），而好登临的话则
需要去公共景区（旷达），这也说明文人庭园内旷景的消退。古
典园林最具代表性的建筑主体也渐由高台楼馆，演化为亭、榭、
廊、阁、轩、楼、台、舫、厅堂。⑥ 从某种意义上来说，这个变
化即是建筑的实质性结构被拆散的过程，抢眼的高台类建筑被破

---

① 《长物志》卷一《室庐》，第 5 页。

② 《全唐文》卷六八九《钟陵东湖亭记》，第 3129～3130 页。

③ ［宋］范成大撰，陆振岳点校：《吴郡志》，江苏古籍出版社，1999 年，第
193 页。

④ 《全宋诗》第三册卷一五○《南湖台三首（其一）》，第 1702～1703 页。

⑤ ［宋］刘攽：《彭城集》卷三《清涟阁》，中华书局，1985 年，第 28～29 页。
"危台竹树间"中的"危台"，原义为高台，来源于南朝宋时颜延之的"寔命阳子，
佐师危台。憬彼危台，在滑之坰"。见《文选》卷五七《阳给事诔》，第 2464～2469
页。这种说法可能与当时台建在比较高耸的地方有关。到了宋时，以"平湖侵危台"
为例，此"危台"中"危"的原义已经进一步淡化。

⑥ "出江行三吴，不复知有江。入舟舍舟，其象大氏皆园也。乌乎园？园于
水。水之上下左右，高者为台，深者为室，虚者为亭，曲折为廊。"见［明］钟惺
著，李先耕等标校：《隐秀轩集》卷二一《梅花墅记》，上海古籍出版社，1992 年，
第 349～352 页。此时亭台的规模和园林景点的主导性已经明显不如前代。与此同
时，舟行以及引导陆路游览路线的廊，在江南园林中的重要性明显增加。

除掉后，位于次重心的建筑的重要性就会逐渐凸显。对此，段义
孚有过一个有趣的比喻：我们的注意力集中在整间屋，因为屋有
明确的环境性和可见性的突出结构，墙壁和屋顶表示了独特的联
合形状，如果把墙和屋顶除去，其内部的小地方如桌子和厨房盥
洗盆等立即呈现为重要的地点，对错综复杂的路径、运动中的停
驻、日常的和循环时间的记录等皆很有意义。①

　　简而言之，自中唐始，文人士大夫的小尺度园林观强调文字
的占有。造园实践中，贵族社会中起主导地位的登临视角明显衰
退，全景式的景观逐渐为局部的、小规模的景观所替代。② 山不
再是用以征服的登临目标，而是颇具陶渊明色彩的"望"的对
象，高山退到园外成为远山，而园内的山的比重逐渐下降，缩聚
成为石砌假山，理水的重要性明显上升。相应地，园林的重心由
山水转向水石；在这个基础上，游观的路线集中在了舟行、陆行
的平面游观的取径，舟行变得越来越重要，陆行的园路逐渐演变

---

　　① 《经验透视中的空间与地方》，第 174 页。
　　② 典型的例子如王维，建园在深山，拥有更多创造旷景的机会，但是他也只是
建筑了自然色彩明显的闲适小园林。段义孚把这个演变的趋势描绘为必然的过程，
他认为世界上很少持久的地方是属人文性的，大多数的纪念碑在其文化母体腐毁时
亦不能生存。愈多特殊性的和代表性的文化意义的物体愈少能够偷生。在时间的过
程中，大多数的公共符号失去了地位，而混入空间之中。参考《经验透视中的空间
与地方》，第 159 页。

成为曲径通幽。① 故而，审美风尚也由以壮美为主转向以优美
为主。

---

① 诸如，孟郊《游城南韩氏庄》："何言数亩间，环泛路不穷。"见［唐］孟郊
著，华忱之、喻学才校注：《孟郊诗集校注》卷四《游城南韩氏庄》，人民文学出版
社，1995 年，第 172～173 页。许浑《朱坡故少保杜公池亭》："孤岛回汀路不穷。"
见［唐］许浑著，罗时进笺证：《丁卯集笺证》卷六《朱坡故少保杜公池亭》，中华
书局，2012 年，第 345 页。贾岛《题郑常侍厅前竹》："萦回有径通。"见［唐］贾岛
著，李嘉言新校：《长江集新校》附集《题郑常侍厅前竹》，上海古籍出版社，1983
年，第 128～129 页。白居易《题崔少尹上林坊新居》："高下三层盘野径，沿洄十里
汎渔舟。"见《白居易集》卷三五《题崔少尹上林坊新居》，第 808 页。杜佑《杜城
郊居王处士凿山引泉记》："级诘曲，步迤逦。"见《全唐文》卷四七七《杜城郊居王
处士凿山引泉记》，第 2160 页。郎士元《春宴王补阙城东别业》："柳陌乍随州势转，
花源忽傍竹阴开。"见《全唐诗》卷二四八《春宴王补阙城东别业》，第 2786 页。与
此同时，此前在皇家贵族园林及寺观园林中就已出现的回廊，在此时文人园林的记
载中也逐渐增多，如白居易《清明夜》："独绕回廊行复歇，遥听弦管暗看花。"见
《白居易集》卷二四《清明夜》，第 542～543 页。元稹《杂忆诗五首（其三）》："寒
轻夜浅绕回廊，不辨花丛暗辨香。"见《元稹集》外集卷一《杂忆诗五首（其三）》，
第 641 页。吴融《月夕追事》："月临高阁帘无影，风过回廊幕有波。"见《全唐诗》
卷六八六《月夕追事》，第 7883 页。

第五章　旁证：绘神、俱景与林泉之想

第一节　绘神：六朝的山水

晋宋时期的山水画家宗炳，曾在《画山水序》中留下了两个有名的典故，其一是：

> 余眷恋庐衡，契阔荆巫，不知老之将至。愧不能凝气怡身，伤跕石门之流，于是画象布色，构兹云岭。夫理绝于中古之上者，可意求于千载之下。旨征于言象之外者，可心取于书策之内。况乎身所盘桓，目所绸缪。以形写形，以色貌色也。且夫昆仑山之大，旷子之小，迫目以寸，则其形莫覩，迥以数里，则可围于寸眸。诚由去之稍阔，则其见弥小。今张绡素以远映，则昆阆之形，可围于方寸之内。竖划三寸，当千仞之高；横墨数尺，体百里之迥。是以观画图者，徒患类之不巧，不以制小而累其似，此自然之势。如是，则嵩华之秀，玄牝之灵，皆可得之于一图矣。①

宗炳喜爱游名山，但是因为"老之将至"，无力再出门远游。

---

① 《全上古三代秦汉三国六朝文·全宋文》卷二〇《画山水序》，第 2545～2546 页。

于是宗炳讨论了画山水的方法，"昆仑山之大，旷子之小，迫目以寸，则其形莫覩"，所以"诚由去之稍阔，则其见弥小"，只要离山越远，那么山体就显得越小，"竖划三寸，当千仞之高；横墨数尺，体百里之迥"。于是，他将各地高山按比例缩减，画了下来，"张绢素以远映，则昆阆之形，可围于方寸之内"，"则嵩华之秀，玄牝之灵，皆可得之于一图矣"，据此闲居，他也可以神游众山。这就是宗炳"卧游得山"的典故。

不过，这种"得"之所获显然不是"山水"。虽然宗炳将此文命名为《画山水序》，全篇却几乎都在谈山，"仁者乐山，智者乐水"，所谓仁智之乐都集中在了"山"之上，此时山在山水二元中的重要性，可见一斑。但是"得山"显然也不是他的最终目的，他说道：

圣人含道应物，贤者澄怀味象。至于山水，质有而趣灵，是以轩辕、尧、孔、广成、大隗、许由、孤竹之流，必有崆峒、具茨、藐姑、箕首、大蒙之游焉。又称仁智之乐焉。夫圣人以神发道，而贤者通；山水以形媚道，而仁者乐。不亦几乎？……夫以应目会心为理者，类之成巧，则目亦同应，心亦俱会。应会感神，神超理得。虽复虚求幽岩，何以加焉？又神本亡端，栖形感类，理入影迹。诚能妙写，亦诚尽矣。于是闲居理气，拂觞鸣琴，披图幽对，坐究四荒，不违天励之藂，独应无人之野。峰岫峣嶷，云林森渺。圣贤映于绝代，万趣融其神思。余复何为哉，畅神而已。神之所畅，孰有先焉。①

---

① 《全上古三代秦汉三国六朝文·全宋文》卷二〇《画山水序》，第2545～2546页。

宗炳列举轩辕等人是为了引出游观的目的。联系上一段"旨征于言象之外者，可心取于书策之内"，他想要追寻的是山水这些物象的"象之外者"——"理"。有意思的是，宗炳认为"神本亡端"，那么"圣人以神发道"的"神"和"道"在感官上就都无从把握了。但是他随即说道"栖形感类，理入影迹"，认为山水中栖息着"道"，即这种"道"是通过山（或者说山水）的形质来表现的（即"山水以形媚道"），则其山之"形"代表着"自然之势""玄牝之灵"，是"道"的具象化。所以，这种目之所观的象之外的"道"，是要"会心"的，即要与心中之"神"，"类之成巧"，这样才能"应会感神，神超理得"，这才是宗炳观山水、画山水的意义。而"闲居理气，拂觞鸣琴，披图幽对，坐究四荒，不违天励之藂，独应无人之野"所涉及的观画过程，参照《宋书·宗炳传》的自述"老疾俱至，名山恐难徧覩，唯当澄怀观道，卧以游之"[1]，便是他所认为的贤人"澄怀味象"或者说"澄怀观道"的准备。"卧游得山"与"澄怀观道"就是宗炳画山（水）的两重意义。

宗炳的《明佛论》还提道：

> 若使回身中荒，升岳遐览，妙观天宇澄肃之旷，日月照洞之奇，宁无列圣威灵，尊严乎其中，而唯唯人群，忽忽事务而已哉！固将怀远以开神道之想，感寂以照灵明之应矣。昔仲尼修五经于鲁，以化天下，及其眇邈太蒙之颠，而天下与鲁俱小，岂非

---

① 《宋书》卷九三《宗炳传》，第 2279 页。

神合于八遐，故超于一世哉？①

此段文字可作为《画山水序》的注脚。在此，宗炳似乎指出了不仅是山水画，而且在自然山水的观照中，投身自然（"回身中荒"），登高远望（"升岳遐览"），抛开"唯唯人群"就是为了"怀远以开神道之想，感寂以照灵明之应"，获得一种"神合于八遐，故超于一世"的类宗教性的宇宙精神，即从大自然中汲取壮美的观感来冲散俗世的烦扰，以获得精神上的满足。

与宗炳同时代，一手打造了庐山景区的慧远在其游记文学《庐山略记》中说：

其山大岭，凡有七重，圆基周回，垂五百里。风雨之所摅，江山之所带，高岩仄宇，峭壁万寻，幽岫穿崖，人兽两绝。……七岭同会于东，共成峰崿。其岩穷绝，莫有升之者。昔野夫见人著沙弥服，凌云直上，既至，则踞其峰，良久乃与云气俱灭，此似得道者。当时能文之士，咸为之异。又所止多奇，触象有异。北背重阜，前带双流。所背之山，左有龙形，而右塔基焉。下有甘泉涌出，冷暖与寒暑相变，盈减经水旱而不异，寻其源，出自于龙首也。南对高峰，上有奇木，独绝于林表数十丈；其下似一层浮图，白鸥之所翔，玄云之所入也。东南有香炉山，孤峰独秀，起游气笼其上，则氤氲若香烟，白云映其外，则炳然与众峰殊别。将雨，则其下水气涌出如车马盖，此龙井之所吐；其左则翠林，青雀白猿之所憩，玄鸟之所蛰；西有石门，其前似双阙，壁立千余仞，而瀑布流焉。其中鸟兽草木之美，灵药万物之奇，

---

① 《全上古三代秦汉三国六朝文·全宋文》卷二一《明佛论》，第2547～2554页。

略举其异而已耳。①

　　文中多次出现"异"字，这是慧远的关注点。他自述此文是"略举其异"的笔法，这种用"略"来标榜"异"的特点就必然会影响作者观看庐山的方式——采用外部的宏观，而非深入景物之中，一一细作近观。换言之，或仰望云岫悬流，或远眺翠林奇木，这种距离感既是视觉上如实的反映，也是心理上不自觉的情景反射，由此指涉向了更远的视野。②而"异"的作用是为了标识"不一样"，它的意义在于"超越"。上文可证，慧远的目的是将庐山推出于凡俗的限制，将此打造成一个仙境，为此他甚至在文中堆砌了灵异事件。换言之，虽然慧远在写庐山山水（从文中看，也是山的比重远大过于水），但是他关怀的并不是眼前的这些景物，而是在这些景物之上。

　　这种观看、描绘山水的方式，让我们自然联想到谢灵运的《山居赋》。事实上，《山居赋》中景物的布局也充满了《易经》的色彩。自然景观的相衬相依及其所引发的体悟两者间的关系，一直都是晋诗文中常见的主题。正是因为有这种结构的设定，景物的描写就多是为了全局的安排，来烘托"自然之理"。③

　　所以，刘勰在《文心雕龙·神思》中说：

----

　　① 《全上古三代秦汉三国六朝文·全晋文》卷一六二《庐山略记》，第 2398～2399 页。

　　② 刘苑如：《怀仁山林：慧远集团的庐山书写与实践》，载《体现自然：意象与文化实践》，第 229～280 页。

　　③ 《风景阅读与书写：谢灵运的〈易经〉运用》，载《体现自然：意象与文化实践》，第 147～174 页。

古人云：形在江海之上，心存魏阙之下，神思之谓也。文之思也，其神远矣。故寂然凝虑，思接千载；悄焉动容，视通万里；吟咏之间，吐纳珠玉之声；眉睫之前，卷舒风云之色；其思理之致乎？故思理为妙，神与物游。神居胸臆，而志气统其关键；物沿耳目，而辞令管其枢机。枢机方通，则物无隐貌；关键将塞，则神有遁心。是以陶钧文思，贵在虚静……夫神思方运，万涂竞萌，规矩虚位，刻镂无形，登山则情满于山，观海则意溢于海，我才之多少，将与风云而并驱矣。……赞曰：神用象通，情变所孕。物以貌求，心以理应。刻镂声律，萌芽比兴。结虑司契，垂帷制胜。①

"神居胸臆，而志气统其关键；物沿耳目，而辞令管其枢机"，神思统领着全局，所以状写事物，强调内心的虚远宁静。为了达到"思理为妙，神与物游"的目标，刘勰主张的"陶钧文思，贵在虚静"，或受老子"涤除玄鉴"思想的影响。观照"道"作为认识的最高目标，人们就需要排除主观的欲念与成见，"致虚极，守静笃，万物并作，吾以观复"②。人只有在内心虚极的情况下，所观察的、描绘的景物才能符合内心的逻辑、秩序和情感。所以，刘勰在此强调写作的重心在于"物以貌求，心以理应"。当时的写作风气是："自近代以来，文贵则似，窥情风景之上，锁貌草木之中，吟咏所发，志惟深远，体物为妙，功在

① 《文心雕龙》卷六《神思》，第38~39页。
② ［三国魏］王弼注，楼宇烈校释：《老子道德经注校释》上篇十六章，中华书局，2008年，第35页。

密附。"①

正因为此，当小川环树通过对六朝时期"风景"一词的梳理发现这时的"风景"的意涵着重在空气（air）、光影（light）与氛围（atmosphere）的变化时，我们就不会感到意外。此间，景观的中心是"光"，很可能与佛土光明遍布的观念有关系。② 这种光明既是佛陀智慧的光芒，也是普度众生的伟人力量的显现。它并不属于人世间，而是来源于另一个世界。例如，谢灵运在山水间所看到的"清晖"③，虽然是现实的光辉，但他却以为自己看见了佛土或净土的光明。所以谢灵运偏爱光所映照的山水景象，是有原因的。④

如此便知，"庄老告退而山水方滋"所说的山水诗和山水观的出现，并不是庄老的终结，而是以另外一种形式来呈现符合《易经》或者佛、道的宗教精神的宇宙秩序。在这种风气下，文

---

① 《文心雕龙》卷一〇《物色》，第63页。

② 《佛说观无量寿佛经》："无量寿佛，有八万四千相。一一相各有八万四千随行好，一一好复有八万四千光明，一一光明遍照十方世界。"见《中华大藏经》编辑局整理：《中华大藏经》第十八册《佛说观无量寿佛经》，中华书局，1986年，第665页。《佛说无量寿经》记载："无量寿佛威神光明，最尊第一，诸佛光明所不能及。或有佛光照百佛世界，或千佛世界，取要言之，乃照东方恒沙佛刹。南西北方，四维上下，亦复如是。或有佛光照于七尺，或照一由旬，二、三、四、五由旬，如是转倍，乃至照一佛刹。是故无量寿佛，号无量光佛……其有众生遇斯光者，三垢消灭，身意柔软，欢喜踊跃，善心生焉。若在三途勤苦之处，见此光明，皆得休息，无复苦恼，寿终之后，皆蒙解脱。"见《中华大藏经》编辑局整理：《中华大藏经》第九册《佛说无量寿经》，中华书局，1985年，第595页。

③ 如《石壁精舍还湖中作诗》："昏旦变气候，山水含清晖。"见《谢灵运集校注》，第112～114页。

④ 〔日〕小川环树著，谭汝谦、陈志诚、梁国豪译：《风景的意义》，载《论中国诗》，第3～32页。

人眼中的山水、园林的呈现，都与宗教性的情怀相关联。除了前文已经探讨过的《山居赋》，我们再看谢灵运的山水诗《富春渚》：

> 宵济渔浦潭，旦及富春郭。定山缅云雾，赤亭无淹薄。溯流触惊急，临圻阻参错。亮乏伯昏分，险过吕梁壑。洊至宜便习，兼山贵止托。平生协幽期，沦踬困微弱。久露干禄请，始果远游诺。宿心渐申写，万事俱零落。怀抱既昭旷，外物徒龙蠖。①

诗文首先是以全景式的笔法来展现地理景观，然后又聚焦在了变化莫测的地形上。在这种地形中，又汇入了"兼山""止"等《易经》元素。所以，谢灵运对景观的描写着重从山水（多为山体）中提炼线条元素来论证宇宙的真理，再在真理中化解掉自己的情绪，"怀抱既昭旷，外物徒龙蠖"。

而在绘画方面，宗炳对这种山水趣灵、形质所代表的秩序的表现方式则是："张绡素以远映，则昆阆之形，可围于方寸之内。竖划三寸，当千仞之高；横墨数尺，体百里之迥。"② 这种缩减山水体量的做法是后来山水画中常见的做法，却也是怀抱宗教热情"升岳遐览"后的目之所得。同样也是佛经教诲"汝是凡夫，心想羸劣，未得天眼，不能远观"③ 中，具有"天眼"的非俗人士应该选择的高处视角。这就应了陈师曾所描绘的六朝风气：

---

① 《谢灵运集校注》，第45～47页。
② 《全上古三代秦汉三国六朝文·全宋文》卷二〇《画山水序》，第2545～2546页。
③ 《中华大藏经》第十八册《佛说观无量寿佛经》，第663页。

"六朝庄老学说盛行，当时之文人含有超世界之思想，欲脱离物质之束缚，发挥自由之情致，寄托于高旷清静之境。"①

第二节　俱景：赏石与观花

小川环树认为，中唐以后诗歌中的"风景"（scenery）的含义发生了转变。这时的"风景"作为观览物的全称，已经完全失掉了光明的含义，而成了英文中"view"或"scenery"（景象、景致）的同义词。这一意涵的转变极可能发生在韩愈的后一辈的时代，表现在张籍、贾岛及其后诗人的作品中。张籍、贾岛，以及后来诗人的诗境非常狭小，他们见到的外景总是局限于狭小的范围。富有诗意的"诗境"，意味着与外部官场和尘俗隔绝，而自成范围的一个孤立的世界。这一群诗人把自己关闭在这孤立的世界里，与此同时，也就不管世间俗物，独来独往，专从大自然中挑选自己喜爱的"景"（景象，view 或 scenery），并以此构筑诗篇——这就是他们追求、向往的目的。②

"风景"词义转变的过程，可以说伴随着园林景观逐渐世俗化的过程。早先遥不可及、凡人难求的山在中唐以后的视域中变成了石料等堆砌而成的假山。与此伴随的是喜爱怪石的风气很兴盛，除了元结和柳宗元喜爱湘南的奇异水石，李德裕热情洋溢地在《平泉山居草木记》中记录来自各地的怪石，牛僧孺和唐武宗

---

① 陈师曾：《中国文人画之研究》，中华书局，1922 年，第 5 页。
② 《风景的意义》，载《论中国诗》，第 3～32 页。

等人皆爱怪石①，甚至还出现了中国赏石文化史上第一篇介绍太湖石收藏与鉴定的理论文章，即白居易于会昌三年（843）所作的《太湖石记》：

> 东第南墅，列而置之。富哉石乎！厥状非一，……昏旦之交，名状不可。撮要而言，则三山五岳，百洞千壑，㟏岈簇缩，尽在其中。百仞一拳，千里一瞬，坐而得之。此其所以为公适意之用也。常与公迫视熟察，相顾而言，岂造物者有意于其间乎？将胚浑凝结，偶然成功乎？然而自一成不变以来，不知几千万年，或委海隅，或沦湖底，高者仅数仞，重者殆千钧，一旦不鞭而来，无胫而至，争奇骋怪，为公眼中之物。②

白居易此篇虽是以牛僧孺爱石为文章主线，但是白居易本人对石头的喜爱也漫溢于字里行间，他甚至认为石中蕴藏着造物主，时间、空间都浓缩于一石之中，于是石就成了一个微型的宇宙。

牛僧孺嗜石的程度可以说与李德裕不相上下，《邵氏闻见后录》记云："牛僧孺、李德裕相仇，不同国也，其所好则每同。今洛阳公卿园圃中石，刻奇章者，僧孺故物；刻平泉者，德裕故物，相半也。"③ 这段文字还表明，牛、李二人对石料的喜爱之情，在他们身后的洛阳新贵中也得到了传承。

----

① 牛僧孺称赞太湖石："念此园林宝，还须识别精。"见《全唐诗》卷四六六《李苏州遗太湖石奇状绝伦因题二十韵奉呈梦得乐天》，第5291～5292页。关于唐武宗的记载，有"扶余之宝，进于武宗"。见［宋］杜绾著，寇甲、孙林编著：《云林石谱》原序，中华书局，2012年，第1页。以及"武宗时夫余国贡松风石，方一丈，中有枯松，盛夏飒飒有风生于其间"。见［明］林有麟：《素园石谱》卷一《松化石》，广陵书社，2006年。

② 《白居易集》外集卷下《太湖石记》，第1543～1545页。

③ ［宋］邵博：《邵氏闻见后录》卷二七，中华书局，1983年，第212页。

　　此外，李德裕还在《平泉山居草木记》中说："台岭八公之怪石，巫峡之严湍、琅琊台之水石，布于清渠之侧；仙人迹鹿迹之石，列于佛榻之前。"[①] 以及《思平泉树石杂咏一十首·海上石笋》记："常爱仙都山，奇峰千仞悬。迢迢一何迥，不与众山连。忽逢海峤石，稍慰平生忆。何以似我心，亭亭孤且直。"[②] 当时赏石主要是通过"列而置之"的赏观方式。与稍晚的《八达春游图》（图 3）相对照则可知，石凭借自身的体量，很可能在中唐后已经占据了庭院的中心位置。白居易所谓"百仞一拳，千里一瞬"与宗炳《画山水序》的"竖划三寸，当千仞之高"有同

图 3　［五代梁］赵嵓《八达春游图》，台北故宫博物院藏

---

　　① 《李卫公会昌一品集》别集卷九《平泉山居草木记》，第 232 页。
　　② 《李卫公会昌一品集》别集卷一〇《思平泉树石杂咏一十首·海上石笋》，第 245 页。

功之效，画山水显然已经可以用画石水来替代了。故《云林石谱》有言："圣人尝曰：'仁者乐山。'好石乃是乐山之意，盖所谓静而寿者。"①

此外，齐己《假山》"蓝灰澄古色，泥水合凝滋"叙及叠石成山，成就"不尽万壑千岩神仙鬼怪之宅"②，以及李华的《贺遂员外药园小山池记》，表明以小观大的园林在都城内就能实现丘园养素、泉石啸傲、渔樵隐逸、猿鹤飞鸣的爱夫山水之旨。③这既是后来在商业城市中建园必要的前期准备，也是无法远游的文人雅士必要的观赏对象，为诗人骚客提供安全隐蔽的心灵居所的同时，也为画家写意山水铺垫了基础。汉宝德认为李昭道《明皇幸蜀图》（图 4）中的山之形均为尖笋状，极为夸张，山水画中的山与园林中的假山从此便已不分了。④

图 4　［唐］李昭道（一说李思训）《明皇幸蜀图》，台北故宫博物院藏

---

① 《云林石谱》原序，第 1 页。
② 《全唐诗》卷八四三《假山（并序）》，第 9531～9532 页。
③ 《林泉高致》，第 11 页。
④ 《物象与心境：中国的园林》，第 104 页。

到了北宋时，郭熙《林泉高致·山水训》记曰：

世之笃论：谓山水有可行者，有可望者，有可游者，有可居者，画凡至此，皆入妙品。但可行、可望，不如可游、可居之为得。何者？观今山川，地占数百里，可游、可居之处，十无三四，而必取可居、可游之品。君子之所以渴林泉者，正谓慕此处故也。故画者当以此意造，而览者又当此意求之，此之谓不失其本意。[①]

他认为可游、可居比可行、可望更代表着君子的林泉之想、江湖之思。但是，郭熙也并非认可真正的隐居，他感慨道："观今山川，地占数百里，可游、可居之处，十无三四。"直言可游、可居之处已经不易寻得。同书又记："岂仁人高蹈远引，为离世绝俗之行，而必有箕、颍、埒素、黄绮同芳哉？白驹之诗，紫芝之咏，皆不得已而长往者也。"[②] 直言离世绝俗并没有必要，前去实践的人也多是不得已而为之。至此，唐代以来文人的山水-园林观念的发展趋势已经不可扭转。不过，郭熙显然还是赞扬多出门写生的，他认为："近世画手，生吴越者写东南之耸瘦，居咸秦者貌关陇之壮浪，学范宽者乏营丘之秀媚，师王维者缺关同之风骨。凡此之类，咎在于所经之不众多也。"[③] 很明显，这段文字也能从侧面反映出远门采风写生在当时应该已经因为没有群众基础，而显得不常见了。所以，这种"游"与"居"的空缺就需要以不同于魏晋"登岳遐观"的其他方式来填补。

---

① 《林泉高致》，第 19 页。
② 《林泉高致》，第 11 页。
③ 《林泉高致》，第 57 页。

比郭熙稍晚的沈括在《梦溪笔谈》中留下了一段议论：

李成画山上亭馆及楼塔之类，皆仰画飞檐。其说以谓"自下望上，如人平地望塔檐间，见其榱桷"。此论非也。大都山水之法，盖以大观小，如人观假山耳。若同真山之法，以下望上，只合见一重山，岂可重重悉见，兼不应见其溪谷间事。又如屋舍，亦不应见其中庭及后巷中事。若人在东立，则山西便合是远境；人在西立，则山东却合是远境。似此如何成画？李君盖不知以大观小之法，其间折高折远，自有妙理，岂在掀屋角也？①

沈括的批评较为尖锐，指陈李成概述的"自下望上"的简单透视是在"掀屋角"，引起了不少争议。② 不过大体上来说，学界大都同意中国山水画的构图并不是简单的科学透视法，而是多个角度观察后的综合呈现。从这个意义上来说，沈括的折高、折远，自有妙理的"以大观小"就不存在错误。分歧在于沈括的"以大观小之法"属于哪一类。

---

① ［宋］沈括著，胡道静校注：《梦溪笔谈校证》卷一七《书画》，古典文学出版社，1957 年，第 546～547 页。

② 例如，典型的持批评意见的有徐复观，他认为："沈括提出的以大观小的解说，在山水上不知如何而可以实行。盖沈氏不知山水画出于登临眺望时所得之景。登临眺望时，多数是由高望远，如是而山可重重悉见。但其间亦当含有以下窥高的情形，故李成有'自下望上'之说。将登临眺望所得之景，罗列于胸中，展之于纸上；而沈括乃以平视之法衡之，此可谓道在迩而求诸远。"见徐复观：《石涛之一研究》，九州出版社，2001 年，第 324 页。宗白华基本持支持意见："画家的眼睛不是从固定角度集中于一个透视的焦点，而是流动着飘瞥上下四方，一目千里，把握大自然的内部节奏，把全部景界组织成一幅气韵生动的艺术画面。'诗云：鸢飞戾天，鱼跃于渊，言其上下察也。'（《中庸》）这就是沈括说的'折高折远'的'妙理'。而由固定角度透视法构成的画，他却认为那不是画，不成画。中国和欧洲绘画在空间观点上有这样大的不同。"见《美学散步》，第 57 页。

迈克尔·苏利文认为沈括持有的是散点透视法，所以我们不能惊鸿一瞥地观看全景山水，需要数天或数周才能走完画卷展示的田园风光的路径，因此通过一点一点地展开画面，画家将时间的因素融入了空间之中，形成了四维统一。[①]

受到成中英《易学本体论》的启发，刘继潮扬弃了西方散点透视法的观点，回归中国传统文化中，提出了山水画的"本体之观"。"观"不同于"看"，他认为沈括的"以大观小"法表明，在面对"山水大物"时，从"观假山"前图式的基础转向"观"真山水，须有联想和想象的跳跃。画家凭"心源"感悟"造化"，过去的视觉经验记忆与当下真山水开显的重合互证，以获得动态的、有机的、绵延的山水意象。在古人那里，假山、拳石和真山水的内在勾连，已经形成某种文化预设和前图式。[②]

据上可知，散点透视与本体之观的分歧在于前者是单点透视的景物拼接，仍无法摆脱单个视点的组合局限；后者则强调山水意象的文化预设与前图式，需要长久的经验积淀。黄宾虹曾对学生说过类似的话："你们看东西总是一个方法，总是近大远小，可是我看东西时，心里总存着一个比例，即事物之间固有的比

---

① 迈克尔·苏利文认为中国人刻意回避了透视法则。科学透视法包含了一个特定地点的视角和从这个固定的地点所能看到的情景，这对中国画家来说远远不够。单一消失点是症结所在。长轴需要多个消失点，就像在飞驰而过的列车上惊鸿一瞥乡间园苑一样。这虽然不符合科学原理，但对于中国人却很管用，直至晚近仍是中国人处理透视问题的特征。见《中国艺术史》，第191页。

② 刘继潮：《游观：中国古典绘画空间本体诠释》，三联书店，2011年，第74页。

例。"① 从魏晋以来对山水的大宇宙观式的把握，在"壶中九华""一尘具一界"之类奇石假山的收藏热潮中，已臻成熟。② 所以宗白华说："中国人于有限中见到无限，又于无限中回归有限。他的意趣不是一往不返，而是回旋往复的。"③

此时建园的理念也是这种"以大观小"，是在整体的生命宇宙观下的小景布置。正因为有对"大"的把握，才能准确地表现出"小"的巧与妙。在这种背景下，才能衍生出移步换景的园林构筑，以至盆景（盆池）小山这种小景才能实现"以小观大"的

---

① 叶浅予：《叶浅予文集》，中国文联出版社，2007 年，第 103 页。

② 《壶中九华诗（并引）》："湖口人李正臣蓄异石九峰，玲珑宛转，若窗棂然。予欲以百金买之，与仇池石为偶，方南迁未暇也。名之曰'壶中九华'，且以诗纪之：清溪电转失云峰，梦里犹惊翠扫空。五岭莫愁千嶂外，九华今在一壶中。天池水落层层见，玉女窗虚处处通。念我仇池太孤绝，百金归买碧玲珑。"见《苏轼全集·诗集》卷三八《壶中九华诗（并引）》，第 465 页。《砚山（有序）》："谁谓其小可置笔砚，此石形如嵩岱，顶有一小方坛。九江有奇石，趺岱而嵩头。巨灵巍一擘，嶕峣忆三休。屹嶪禀异质，嶒峻谁刻镂。百叠天巧尽，九盘猿未愁。阳壁宜产芝，阴崖谅潜虬。危颠方坛结，玉秘金泥修。垂手探杲日，朱轮运沧洲。一尘具一界，妙喜非难求。心欲蹑赤霄，八极皆部娄。况兹对众物，其致一撰收。嗻嗻分别子，交戈舂其喉。"见〔宋〕米芾：《宝晋英光集》卷三《砚山（有序）》，中华书局，1985 年，第 18 页。李泽厚谈宋元山水画意境，认为中国画的美学特色是"不满足于追求事物的外在模拟和形似，要尽力表达出某种内在风神，这种风神又要求建立在对自然景色、对象的真实而又概括的观察、把握和面会的基础上。"见李泽厚：《美的历程》，三联书店，2009 年，第 169～190 页。

③ 《美学散步》，第 90 页。

效果。① 即沈复所谓："若夫园亭楼阁，套室回廊，叠石成山，栽花取势，又在大中见小，小中见大，虚中有实，实中有虚，或藏或露，或浅或深，不仅在周回曲折四字，又不在地广石多徒烦工费。"②

　　宋代以前，绘画的地位一直次于书法，是属于工匠而非艺术家的一个领域。③ 到了宋时，邓椿并不屑于这种刻板印象，有

---

　　① 唐中后期流行埋盆于地的"盆池"，如浩虚舟《盆池赋》："达士无羁，居闲创奇。陷彼陶器，疏为曲池。小有可观，本自挈瓶之注；满而不溢，宁逾凿地之规。原夫深浅随心，方圆任器。分玉甃之余润，写莲塘之远思。空庭欲曙，通宵之瑞露盈盘；幽径无风，一片之春冰在地。观夫影照高壁，光涵远虚。潜窥而旧井无别，就饮而污樽不如。云鸟低临，误镜鸾之缥缈；庭槐俯映，迷月桂之扶疏。是则涯涘非遥，漪澜酷似。沾濡才及于寸土，盈缩不过乎瓢水。兰灯委照以珠动，纨扇摇风而浪起。沈蛛丝为羡鱼之网，深抵百寻；浮芥叶为解缆之舟，远同千里。想乎泥滓无染，泉源本清。盛之而细流不泄，鼓之而圆折长生。蛙穿而别派潜通，想漏卮之难满；雨落而古痕全没，知小器之易盈。及夫岸滟滟以初平，水汪汪而罢涨。韬云分白璧之色，映竹写圆荷之状。光翻晓日，谁谓覆而不临；底露青天，孰假戴之而望。至若烟蔼沈沈，莓苔四侵。方行潦而不浊，比坳堂而则深。遂使夸勇之徒，暗起冯河之想；无厌之士，潜怀测海之心。故得汲引无劳，泓澄斯积。环织草以弥澈，泛流萍而更碧。沙洲连一亩之地，山翠接如拳之石。悠哉智者之为心，聊觌之而自适。"见《全唐文》卷六二四《盆池赋》，第 2788～2789 页。《盆池》："凿破苍苔地，偷他一片天。白云生镜里，明月落阶前。"见《樊川文集》卷四《盆池》，第 84 页。《咏盆池》："浮萍重叠水团圆，客绕千遭屡齿痕。莫惊池里寻常满，一井清泉是上源。"见《姚合诗集校注》卷七《咏盆池》，第 367 页。以及韩愈的《盆池五首》，见《韩愈全集校注》，第 661～664 页。

　　② 《浮生六记》卷二《闲情记趣》，第 59 页。

　　③ 阎立本是一个著名的案例。"初，太宗与侍臣泛舟春苑池，见异鸟容与波上，悦之，诏坐者赋诗，而召阎立本俾状。阁外传呼画师阎立本，是时已为主爵郎中，俯伏池左，研吮丹粉，望坐者羞怅流汗。归戒其子曰：'吾少读书，文辞不减侪辈，今独以画见名，与厮役等，若曹慎毋习！'"见《新唐书》卷一〇〇《阎立本传》，第 3942 页。

言："画者，岂独艺之云乎？""画者，文之极也。"① 二维的文人画的地位在宋代提升到了三维（或者如迈克尔·苏利文所说的四维），在某种层面上，是与三维（四维）的文人园林的发展相辅相成的结果。

除了石料，中古园林还有一个值得注意的现象就是植物学的发展。中国十大名花：梅花②、牡丹③、菊花④、兰花、杜鹃、荷花、茶花⑤、

---

① ［宋］邓椿：《画继》卷九《杂说·论远》，人民美术出版社，1964 年，第113 页。

② Hui-Lin Li，The Garden Flowers of China：An International Biological and Agricultural Series. New York：The Ronald Press Company，1959，pp. 49.

③ The Garden Flowers of China：An International Biological and Agricultural Series. pp. 22.

④ The Garden Flowers of China：An International Biological and Agricultural Series. pp. 37 – 38.

⑤ The Garden Flowers of China：An International Biological and Agricultural Series. pp. 80. 在三国时期，茶花已有人工栽培。但直至南北朝及隋代，帝王宫廷、贵族庭院里栽种的，仍是野生原始种茶花，花为单瓣红色。

桂花①、月季、水仙②，在唐代，尤其是中唐以后，大多进入了一
个成熟的发展期。并且，这时的文人以对观赏植物明显增长的兴趣
为背景，纷纷拿起笔来记述某些特别受欢迎的植物种类。这个风潮
一直延续到宋代，成就了植物学专著写作的鼎盛时期。③

---

① "桂出合浦，生必高山之颠，冬夏常青，其类自为林，间无杂树。交趾置桂
园，桂有三种，叶如柏叶，叶皮赤者，为丹桂。叶似柿叶者，为菌桂，其叶似枇杷
叶者，为牡桂。《三辅黄图》曰：甘泉宫南有昆明池，池中有泼波殿，以桂为柱，风
来自香。"见［晋］嵇含：《南方草木状》卷中，中华书局，1985 年，第 7～8 页。
"《（名医）别录》曰：桂生桂阳，牡桂生南海山谷。……（陶）弘景曰：南海即是广
州。《神农本经》惟有牡桂、菌桂。俗用牡桂……不知是别树，是桂之老宿者也？菌
桂正圆如竹，三重者良，俗中不见……今俗又以半卷多脂者，单名为桂，入药最多，
是桂有三种矣。此桂广州者好；交州、桂州者，形少小而多脂肉，亦好；湘州、始
兴、桂阳县者，即是小桂，不如广州者。……齐武帝时，湘州送树，植芳林苑
中。……（陈）藏器曰：菌桂、牡桂、桂心三色，同是一物。桂林岭岭，因桂得名，
今之所生，不商此郡。从岭以南际海尽有桂树。……（苏）颂曰：《尔雅》但言
'梫，木桂'一种。《本草》载桂及牡桂、菌桂三种。今岭表所出，则有筒桂、肉桂、
桂心、官桂、板桂之名，而医家用之罕有分别。旧说菌桂正圆如竹，有二三重者，
则今之筒桂也。牡桂皮薄色黄少脂肉者，则今之官桂也。桂是半卷多脂者，则今之
板桂也。而今观宾、宜、韶、钦诸州所图上者，种类亦各不同，然总谓之桂，无复
别名。参考旧注，谓菌桂，叶似柿，中有三道文，肌理紧薄如竹，大小皆成筒，与
今宾州所出者相类。牡桂，叶狭于菌桂而长数倍，其嫩枝皮半卷多紫，与今宜州、
韶州所出者相类。彼土人谓其皮为木兰皮，肉为桂心。此又有黄、紫二色，益可验
也。桂，叶如柏叶而泽黑，皮黄心赤，今钦州所出者，叶密而细，恐是其类，但不
作柏叶形为异尔。……其木俱高三四丈，多生深山蛮洞中，人家园圃亦有种者。移
植于岭北，则气味殊少辛辣，不堪入药也。三月、四月生花，全类茱萸。九月结实，
今人多以装缀花果作筐具。其叶甚香，可用作饮尤佳。"见［明］李时珍：《本草纲
目》卷三四《木之一》，人民卫生出版社，1975 年，第 1925～1926 页。李德裕从剡
溪移植一株红桂到平泉山居，有诗曰："欲求尘外物，此树是瑶林。后素合余绚，如
丹见本心。妍姿无点辱，芳意托幽深。愿以鲜葩色，凌霜照碧浔。"见《李卫公会昌
一品集》别集卷一〇《春暮思平泉杂咏二十首·红桂树》，第 243 页。
② The Garden Flowers of China：An International Biological and Agricultural
Series. pp. 86.
③ 《中国科学技术史》第六卷第一分册《植物学》，第 303 页。

这个现象背后的动力来源于传统本草学的推进①，以及庭院观赏植物的发展。这两个方面是相互结合在一起的，例如谢灵运《山居赋》中所说的"艺菜当肴，采药救颓"②；王维《春过贺遂员外药园》所记"前年槿篱故，今作药栏成。香草为君子，名花是长卿"③；以及司马光《独乐园记》所载"沼东治地为百有二十畦，杂莳草药，辨其名物而揭之。畦北植竹，方径丈，若棋局。……植竹于其前，夹道如步廊，皆以蔓药覆之。四周植木，药为藩，援命之曰采药圃。圃南为六栏，芍药、牡丹、杂花各居其二"④。可见，当时的园林中种植着不少药用植物（见图5）。薛爱华还指出，唐时大量兰花从岭南中部，即广州以西与以北诸州郡，分别运往京城，并非为了将兰花放在温室中精心培育，而是用来给长安的贵族们治病。⑤ 所以，约阿希姆·拉德卡认为在漫长的历史发展过程中，内部自然引导人们走向外部自然，植物学起源于医疗植物学。⑥

---

① 唐高宗显庆年间，国家授权修订并颁布了中国历史上第一部具有法律效力的药学专著——《唐本草》。

② 《谢灵运集校注》，第331页。

③ 《王维集校注》卷四《春过贺遂员外药园》，第346页。

④ 《司马温公文集》卷一三《独乐园记》，第304～305页。

⑤ 《朱雀：唐代的南方意象》，第338～339页。魏乐博认为通常帝制中国对居住边地的非汉人团体的想象与对山川和其他中介空间的想象紧密结合在一起，包括想象的威胁（有时是军事的、有时是魔幻的）、鬼魂的形象，甚或是如熊掌、穿山甲等有很强药效的食物里。参考《中国的多重全球化与自然概念的多样性》，载《中国宗教多元与生态可持续性发展研究》，第3～20页。

⑥ 《自然与权力：世界环境史》，第21页。

图 5　［明］仇英《独乐园图卷（局部）》，
美国克利夫兰艺术博物馆藏

在庭院观赏植物的发展进程中，以及在边地外推的过程中，南
部亚热带、热带植物的交流传入也起到了推动作用，诸如《南方草
木状》等中古异物志中关于植物的介绍，以及《平泉山居草木记》
中对奇花异卉引种的记载，等等。① 甚至在唐末还出现了中国历史

① 李惠林将东部中国划为三个植物区系，此时南部中国的开发，加速了植被丰
富的华南带、南亚带与华北带之间的区际交流。"秦岭山脉及其东部的延伸部分在华
北及华南地带之间约略沿着北纬 34°形成界线。秦岭山脉的南边与北边，在地貌、气
候、土壤及自然植被上有极大的不同。由于东边山脉海拔较低，因而南北之间植物
群的差别较小。通常认为，华北地带的南边界线向东边伸展，到达长江和淮河流域
之间。实际上，华北地带包括黄河流域、黄土高原和华北平原。在气候上，冬天寒
冷、降水量少，生长小麦的华北地区与潮湿的、生长稻谷的华南地区大不相同。华
南带（包括长江流域）与南亚带的界线大约处于北纬 25°。北回归线以北的南岭山脉一
带、云南南部和四川盆地，具有热带气候，是多种稻谷作物的产地，属于南亚带。再
向南边，缅甸、泰国、菲律宾和除去马来半岛南边延伸部分的中南半岛，也属于南亚
带。"见〔美〕李惠林著，林枫林译，黄雅文校：《中国植物的驯化》，载华南农业大学
农业历史遗产研究室主编：《农史研究》第七辑，农业出版社，1988 年，第 43～53 页。

上第一部系统讲述插花、赏花的理论作品——《花九锡》。

当然，笔者认为这些动力能发生效用有一个重要的前提，即中唐以后观景视角的放低。园林花卉被放大了分辨率，杂植的小庭院式园林兴盛，所以植物作为植株个体的配置在园林中才会变得越发重要，香景、色景也随之勃兴。[①] 此外，六朝时偶有现身的槿篱[②]，至唐时已经变得很常见，如王维"前年槿篱故，今作药栏成"[③]；于鹄"不愁日暮还家错，记得芭蕉出槿篱"[④]；羊士谔"旧

[①] 孟浩然《夏日南亭怀辛大》："荷风送香气，竹露滴清响。"见《孟浩然诗集笺注》卷下《夏日南亭怀辛大》，第315页。杜甫《狂夫》："风含翠篠娟娟净，雨裛红蕖冉冉香。"见《杜诗详注》卷九《狂夫》，第743页。李德裕《春暮思平泉杂咏二十首·红桂树》："妍姿无点辱，芳意托幽深。"见《李卫公会昌一品集》别集卷一〇《春暮思平泉杂咏二十首·红桂树》，第243页。陆龟蒙《王先辈草堂》："松径隈云到静堂，杏花临涧水流香。"见〔唐〕陆龟蒙撰，何锡光校注：《陆龟蒙全集校注·甫里先生文集》卷一〇《王先辈草堂》，凤凰出版社，2015年，第635页。此外，需要补充的是，我们在魏晋江南地区的园林中也能看到幽静景观中的曲径及植物的描写，诸如萧绎《游后园诗》："日照池光浅，云归山望浓。入林迷曲径，渡渚隔危峰。"见《先秦汉魏晋南北朝诗·梁诗》卷二五《游后园诗》，第2053页。这种描写手法大多与谢灵运列举庄园景观要素一样，将其作为整体组成部分进行笼统介绍，没有细致到凝眸的情况。对物体进行细化描写比较多的是被称为萧梁"宫体诗"中的咏物诗，"引导读者在一个至为具体、特殊的时空层次上观察物象"。可惜的是，宫体诗因为不合时宜而受到了严厉的批评，存在的时间很短。萧纲的这种诗学在"公元9世纪成为文学传统中一种重要的'另类声音'……在6世纪显得过于前卫"。见〔美〕田晓菲：《烽火与流星：萧梁王朝的文学与文化》，中华书局，2010年，第173、237页。

[②] 如朱异《还东田宅赠朋离诗》："槿篱集田鹭，茅檐带野芬。"见《先秦汉魏晋南北朝诗·梁诗》卷一七《还东田宅赠朋离诗》，第1860页。谢灵运《田南树园激流植援》："激涧代汲井，插槿当列墉。"见《谢灵运集校注》，第114～116页。沈约《宿东园诗》："槿篱疏复密，荆扉新且故。"见《先秦汉魏晋南北朝诗·梁诗》卷六《宿东园诗》，第1641页。苏子卿《艾如张》："张机蓬艾侧，结网槿篱边。"见《先秦汉魏晋南北朝诗·陈诗》卷九《艾如张》，第2601页。

[③] 《王维集校注》卷四《春过贺遂员外药园》，第346页。

[④] 《全唐诗》卷三一〇《巴女谣》，第3503页。

里藏书阁，闲门闭槿篱"①；孙光宪"茅舍槿篱溪曲，鸡犬自南
自北"②。这可能表明了在人地压力逐渐紧张的进程下，私权边界在
园林中突显的趋势，宅园开始围合为庭院。槿篱等灌木的存在也进
一步丰富了花木配置的层次感。于是，在商业市场的驱动下才会出
现唐代人对牡丹之类观花植物的痴迷，甚至不惜一掷千金的记载。③
相应地，也出现了很多文人亲自种植、歌咏花卉的诗篇。④《洛

---

　　①　《全唐诗》卷三三二《酬礼部崔员外备永宁里弊居见寄来诗云图书锁尘阁符
节守山城》，第 3707 页。
　　②　《全唐诗》卷八九七《风流子》，第 10141 页。
　　③　相关记载颇多，兹举几例："帝城春欲暮，喧喧车马度。共道牡丹时，相随
买花去。贵贱无常价，酬直看花数：灼灼百朵红，戋戋五束素。上张幄幕庇，旁织
笆篱护。水洒复泥封，移来色如故。家家习为俗，人人迷不悟。有一田舍翁，偶来
买花处：低头独长叹，此叹无人谕。一丛深色花，十户中人赋！"见《白居易集》卷
二《秦中吟十首·买花》，第 34～35 页。"京城贵游，尚牡丹三十余年矣。每春暮车
马若狂，以不耽玩为耻。执金吾铺官围外寺观种以求利，一本有直数万者。元和末，
韩令始至长安，居第有之，遽命斫去曰：'吾岂效儿女子耶！'"见《唐国史补》卷
中，第 45 页。"长安王士安于春时斗花，戴插以奇花多者为胜，皆用千金市名花植
于庭院中，以备春时之斗也。"见《开元天宝遗事》卷下《斗花》，第 49 页。"长安
士女游春野步，遇名花则设席藉草，以红裙递相插挂以为宴幄，其奢逸如此也。"见
《开元天宝遗事》卷下《裙幄》，第 49 页。
　　④　胡淼对唐诗中的动植物等进行了考证与释读，参考胡淼：《唐诗的博物学解
读》，上海书店出版社，2016 年。这种亲近植物的条件，与北人南渡、自然环境以及
复杂的社会、知识与美学环境下不同地域文化相整合，为宋朝观赏植物的审美品位
分化创造了条件，如研究颇为丰富的文人赏梅。参考〔美〕毕嘉珍（Maggie
Bickford）著，陆敏珍译：《墨梅》，江苏人民出版社，2012 年，第 43 页；王建革：
《宋代江南的梅花生态与赏梅品味》，《鄱阳湖学刊》2017 年第 3 期。

阳名园记》中还介绍了洛阳的花卉栽培园。[①] 此时的园艺技术也很发达，诸如《唐国史补》记曰："苏州进藕，其最上者名曰'伤荷藕'。或云：'叶甘为虫所伤。'又云：'欲长其根，则故伤其叶。'近多重台荷花，花上复生一花，藕乃实中，亦异也。有生花异，而其藕不变者。"[②] 段成式《酉阳杂俎》也有记载："兴唐寺有牡丹一窠，元和中，著花一千二百朵。其色有正晕、倒晕、浅红、浅紫、深紫、黄白檀等，独无深红。又有花叶中无抹心者，重台花者，其花面径七八寸。"[③] 伤荷藕的出现表明当时人已经开始调配植株体叶部与根部的生长素运输过程。而"多重台荷花"和"（牡丹一窠）著花一千二百朵"的现象看起来有些灵异，也许是用上了嫁接之类的技术，甚至可能人工诱导了植物的变异。[④] 这些实践有益于观赏物种杂交品种的培育与定向选择，中国能成为"园林之母"，这段时间的发展很关键。[⑤]

---

① "天王院花园子。洛中花甚多种，而独名牡丹曰花王。凡园皆植牡丹，而独名此曰花园子，盖无他池亭独有牡丹数十万本。凡城中赖花以生者，毕家于此。至花时，张幕幄列市肆，管弦其中，城中士女，绝烟火游之。过花时，则复为丘墟、破垣、遗灶相望矣。今牡丹岁益滋，而姚黄、魏花一枝千钱。姚黄无卖者。""归仁园。归仁，其坊名也。园尽此一坊，广轮皆里余。北有牡丹、芍药千株，中有竹百亩，南有桃李弥望。唐丞相牛僧孺园七里桧，其故木也，今属中书李侍郎，方翃亭，其中河南城方五十余里中多大园池，而此为冠。"见《洛阳名园记》，第7~8页。

② 《唐国史补》卷下，第64页。

③ 〔唐〕段成式著，方南生点校：《酉阳杂俎》前集卷一九《广动植之四·草篇》，中华书局，1981年，第186页。

④ 小庭院里杂植着多种品种的植物，给品种杂交提供了天然的环境，而人工选择就能定向保存遗传性状。

⑤ 〔英〕欧内斯特·H. 威尔逊（Ernest H. Wilson）著，胡启明译：《中国——园林之母》，广东科技出版社，2015年。

第三节　林泉之想：声景的个案

除了观花植物，引人注意的还有观叶植物芭蕉被引入园林之中，并形成了一个韵味悠长的文学意象"雨打芭蕉"，及其声景意境。蕉是一种纤维植物，在早期文献记载中其价值主要集中在实用价值上，尤其是作为纺织材料。《说文解字》释"蕉"曰："生枲也，枲麻也。生枲谓未沤治者，今俗以此为芭蕉字。楚金引《吴都赋》：'蕉葛竹越。'按《本草图经》云，闽人灰理芭蕉皮令锡滑，绩以为布，如古之锡衰焉。左赋之蕉，正谓芭蕉，非生枲也。"[1]《南方草木状》对芭蕉生物性状与经济用途的记载更为详细："其茎解散如丝，以灰练之，可纺绩为缔络，谓之蕉葛。虽脆而好，黄白，不如葛赤色也。交广俱有之。《三辅黄图》曰：汉武帝元鼎六年，破南越，建扶荔宫，以植所得奇草异木，有甘蕉二本。"[2] 除了练丝过程，此书还提到汉武帝以引入奇草异木的名义从交广引种了芭蕉，不仅表明芭蕉的主要分布地在交广地区，也预示了其分布范围开始北扩，这是芭蕉进入文人园林的一个背景。

此后，由于文人群体的活动重心向南扩展，更易接触到南方

---

① 《说文解字注》卷一《艸部》，第44页。
② 《南方草木状》卷上，第1页。此外，杨孚《异物志》也记有："芭蕉叶，大如筵席，其茎如芋。取镬煮之，为丝，可纺绩，女功以为缔络，今交趾葛也。"见〔汉〕杨孚：《异物志》，中华书局，1985年，第11页。还有沈怀远的《南越志》："蕉布之品有三，有蕉布，有竹子布，又有葛焉。虽精粗之殊，皆同出而异名。"见《后汉书》卷四九《王符传》，第1635～1636页。

作物，芭蕉的实用价值被更多地开发出来，例如用宽大的蕉叶代替纸张，狂草怀素"贫无纸可书，尝于故里种芭蕉万余株，以供挥洒"①。题诗蕉叶也被建构成了文人韵事。方干《送郑台处士归绛岩》（润州）记载："惯采药苗供野馔，曾书蕉叶寄新题。"②韦应物《闲居寄诸弟》（滁州）记曰："尽日高斋无一事，芭蕉叶上独题诗。"③ 司空图《狂题十八首（其十）》（华阴）："雨洗芭蕉叶上诗，独来凭槛晚晴时。"④ 白居易《春至》（忠州）又曰："闲拈蕉叶题诗咏，闷取藤枝引酒尝。"⑤ 芭蕉在长江以南空间中的广泛分布为这种建构其上的文化活动提供了物质基础。除了提诗蕉叶，中唐后的诗文中常常出现关于"雨打芭蕉"的抒情描写：

碎声笼苦竹，冷翠落芭蕉。（白居易《连雨》）

雨滴芭蕉赤，霜催橘子黄。（岑参《寻阳七郎中宅即事》）

芭蕉为雨移，故向窗前种。（杜牧《芭蕉》）

芭蕉不展丁香结，同向春风各自愁。（李商隐《代赠二首（其一）》）

隔窗知夜雨，芭蕉先有声。（白居易《夜雨》）

芭蕉叶上无愁雨，自是多情听断肠。（蒋均《句》）

为了观叶与听雨，芭蕉的种植位置也开始集中于窗前，这种

① 《全唐文》卷四三三《僧怀素传》，第 1957 页。
② 《全唐诗》卷六五〇《送郑台处士归绛岩》，第 7469～7470 页。
③ 《韦应物诗集系年校笺》卷七《闲居寄诸弟》，第 327 页。
④ 《全唐诗》卷六三四《狂题十八首（其十）》，第 7273 页。
⑤ 《白居易集》卷一八《春至》，第 390 页。

浓缩聚集植物配置的做法在后来的江南园林中被继承了下来，沈周的《听蕉记》有言：

> 夫蕉者，叶大而虚，承雨有声。雨之疾徐疏密，响应不忒，然蕉曷常有声，声假雨也。雨不集，则蕉亦默默静植；蕉不虚，雨亦不能使为之声。蕉、雨固相能也。蕉，静也；雨，动也。动静夏摩而成声，声与耳又能相能相入也，迨若匝匝潝潝，剥剥滂滂，索索渐渐，床床浪浪，如僧讽堂，如渔鸣榔，如珠倾，如马骧，得而象之，又属听者之妙矣。长洲胡日之种蕉于庭以伺雨，号"听蕉"，于是乎有所得于动静之机者欤。①

《听蕉记》点明了雨打芭蕉的声景的关键，即动静之机。这种以闹衬静的手法，是二维画面升至三维空间的秘密。匈牙利电影理论家、美学家贝拉·巴拉兹（Béla Balázs）在论及声音在电影中的作用时说："一片阒无声息的空间反而使我们感到不具体、不真实；我们觉得它是轻飘飘的、虚幻的。因为我们看到的只是一片幻想。只有当我们看到的空间是有声的时候，我们才承认它是真实的，因为声音能赋予空间以具体的深度和广度。"② 此外，段义孚也认为声音可以传达强而有力的大小感及距离感，因为声音的力量含有距离的意涵。视觉空间显示动态性和大小范围，听觉空间则传达一种扩散意识。③ 所以，当小空间里有几种不同的

---

① 〔明〕沈周：《沈周集·石田先生诗钞》卷九《听蕉记》，上海古籍出版社，2013年，第187页。
② 〔匈〕贝拉·巴拉兹著，何力译，邵牧君校：《电影美学》，中国电影出版社，1978年，第218页。
③ 《经验透视中的空间与地方》，第12～13页。

声音构成这个空间的声景时，小空间也能丰富景观感受，使得这个空间脱颖而出，增强该空间的可识别性。并且这种声景的作用也并不是一时的。黑格尔说："声音固然是一种表现和外在现象，但是它这种表现正因为它是外在现象而随生随灭。耳朵一听到它，它就消失了；所产生的印象就马上刻在心上了；声音的余韵只在灵魂最深处荡漾，灵魂在它的观念性的主体地位被乐声掌握住，也转入运动的状态。"① 这样，园林就可以凭借声景的创造而韵味悠长。

古典园林中的声景塑造并非始于芭蕉，如《诗经·大雅·灵台》就有记载："王在灵囿，麀鹿攸伏。麀鹿濯濯，白鸟翯翯。王在灵沼，于牣鱼跃。虡业维枞，贲鼓维镛。于论鼓钟，于乐辟雍。于论鼓钟，于乐辟雍。鼍鼓逢逢，矇瞍奏公。"② 到了后来，徐勉的《诫子书》又记载："或复冬日之阳，夏日之阴，良辰美景，文案间隙，负杖蹑履，逍遥陋馆，临池观鱼，披林听鸟，浊酒一杯，弹琴一曲，求数刻之暂乐，庶居常以待终，不宜复劳家间细务。"③ 此外，王籍《入若邪溪诗》也有记载："艅艎何汎汎，空水共悠悠。阴霞生远岫，阳景逐回流。蝉噪林逾静，鸟鸣山更幽。此地动归念，长年悲倦游。"④ 以及王维《竹里馆》也说："独坐幽篁里，弹琴复长啸。深林人不知，明月来相照。"⑤

---

① 〔德〕黑格尔著，朱光潜译：《美学》第三卷上册，商务印书馆，1981 年，第 333 页。
② 《诗经注析》，第 787～790 页。
③ 《梁书》卷二五《徐勉传》，第 385 页。
④ 《先秦汉魏晋南北朝诗·梁诗》卷一七《入若邪溪诗》，第 1853～1854 页。
⑤ 《王维集校注》卷五《辋川集·竹里馆》，第 424 页。

并且，白居易在《池上篇（并序）》也说道："每至池风春，池月秋，水香莲开之旦，露清鹤唳之夕：拂杨石，举陈酒，援崔琴，弹姜《秋思》，颓然自适，不知其他。酒酣琴罢，又命乐童登中岛亭，合奏《霓裳·散序》，声随风飘，或凝或散，悠扬于竹烟波月之际者久之。曲未竟，而乐天陶然已醉，睡于石上矣。"[1]

正因如此，之前山水、园林中的声景大多为远处的自然声与近处的人为琴瑟声混合而成。"雨打芭蕉"（以及李商隐的"残荷听雨"[2] 等）的造景手法，却是将人为设置的自然音拉向观赏者身边（近窗），进而成了近音，这就浓缩了声景。

有意思的是，宋时《嘉泰会稽志》记录了一个奇异的现象："又俗谓梓、芭蕉皆不利主，民庐了无一本，惟士大夫园宅及僧寺乃时有之。"[3] 文人和僧人与众不同，喜好栽种芭蕉可能与芭蕉的佛教意味不无关系，例如《涅槃经》的记载："其园各有众宝宫宅，一一宫宅，纵广正等满四由旬。所有墙壁，四宝所成，所谓金银琉璃颇梨，真金为向，周匝栏楯，玫瑰为地，金沙布上。是宫宅中，多有七宝流泉浴池，一一池边，各有十八黄金梯阶，阎浮檀金为芭蕉树，如忉利天欢喜之园。"[4] 印度属于海洋性热带季风气候的南亚国家，热量和水分条件都较好，芭蕉本属

---

[1] 《白居易集》卷六九《池上篇（并序）》，第 1450 页。

[2] "秋阴不散霜飞晚，留得枯荷听雨声。"见［唐］李商隐：《李商隐诗集》卷一上《宿骆氏亭寄怀崔雍崔衮》，上海古籍出版社，2015 年，第 38 页。

[3] ［宋］施宿等：《嘉泰会稽志》卷一七《草木虫鱼鸟兽》，载浙江省地方志编纂委员会编：《宋元浙江方志集成》，杭州出版社，2009 年，第 2048 页。

[4] ［北凉］昙无谶译，宗文点校：《涅槃经》卷一《寿命品》，宗教文化出版社，2011 年，15 页。此外，还有"芭蕉罗汉"伐那婆斯尊者，与悠闲隐逸、傲视太虚、仙风道骨、超脱凡尘联系在一起。

热带典型的植物，所以印度至今都广植芭蕉，芭蕉也在印度人的生活中扮演着很多角色。印度种植芭蕉的传统可能通过佛经这个载体影响到了中国的佛院与文人庄园的种植喜好。不过，由于芭蕉一叶新生，老叶才落，茎秆是由叶鞘重叠而成，不如一般树木有实心。因此，佛经中也常常以芭蕉的中无坚实来象征世间的无常、无我，以及时间的虚妄不实等佛理。①

"雨打芭蕉"的声景塑造是扩大空间感知的巧妙手法，在提醒芭蕉"在场"的同时，也提醒了听者自身的"在场"，文学意象是主体情绪（羁旅、闺怨、闲适等多种情感）的启动因子，佛学意味又提醒着时间上的虚妄与不实。"雨打芭蕉"的园林造景是儒道释三者融汇而成的果实，也是园林时间与空间意境表达的精彩个案。②

一直以来，文人园林都主要建筑在荒郊野外。至中唐时这种分布开始出现明显的变化，城市园林逐渐兴起，但"市井，不可

---

① 《维摩诘所说经》："是身如泡，不得久立。是身如炎，从渴爱生。是身如芭蕉，中无有坚。是身如幻，从颠倒起。是身如梦，为虚妄见。是身如影，从业缘现。"见［东晋］僧肇等注：《注维摩诘所说经》卷二《方便品》，上海古籍出版社，2011年，第32～33页。《涅槃经》："如是身城，诸佛世尊之所弃舍，凡夫愚人常所味著，贪淫瞋恚愚痴罗刹，止住其中；是身不坚，犹如芦苇、伊兰、水沫、芭蕉之树。"见《涅槃经》卷一《寿命品》，第5页。刘禹锡《病中三禅客见问因以谢之》："身是芭蕉喻，行须邛竹扶。"见《刘禹锡集》卷二二《病中三禅客见问因以谢之》，第286～287页。

② 这时芭蕉的流行还引发了一个著名的公案，即王维的《雪中芭蕉图》是否以事实为本。典型的正方意见有沈括："予家所藏摩诘画《袁安卧雪图》，有雪中芭蕉。此乃得心应手，意到便成，故造理入神，迥得天意，此难可与俗人论也。"见《梦溪笔谈校证》卷一七《书画》，第542页。反对者有谢肇淛："作画如作诗文，少不检点，便有纰缪。如王右丞《雪中芭蕉》，虽闽广有之，然右丞关中极寒之地，岂容有此耶？画昭君而有帷帽；画二疏而有芒𡲢；画陶母剪发而手戴金钏；画汉祖过沛而有僧；画斗牛而尾举；画飞雁而头足俱展；画掷骰呼六而张口，皆为识者指摘，虽与画品无干，终为白璧之瑕，作书亦然。"见《文海披沙》，第33～34页。

园也；如园之，必向幽偏可筑，邻虽近俗，门掩无哗"①。如何于闹中取静就成为城市建园亟须解决的问题。正如曹林娣指出，苏州园林营造的是"居尘而出尘"的城市山林，为了能"闹中取静"，苏州园林都建在小巷深处，杂厕民居之间。避开尘嚣，"隔尘""隔凡"，赢来一份清幽，是苏州园林选址的共性。② 除了选址，内部声景的营造就成为造静景的关键。这也许是《园冶》多次提到芭蕉的部分原因。③ 当然，园林中的声景创造并非只有"雨打芭蕉"一例，如拙政园听雨轩，所植虽是以芭蕉为主，但是池中也有植荷，池边除了芭蕉，还有翠竹。除了听雨轩，拙政园还有"听松风处"和"留听阁"，分别对应的应当是松风和雨打残荷带来的声景。

声景的创造是古典园林由来已久的传统。中唐之后，"雨打芭蕉"之类的人为自然声是传统自然声与人为声的交融结果，而它们参与进园林建设，既是园林规模缩小造成的外压下的浓缩成果，也是文人园林在有限空间内部转向意境提炼的日趋成熟的标志。④

---

① 《〈园冶〉注释（第二版）》卷一《相地》，第 60 页。

② 曹林娣：《苏州园林与生存智慧》，《苏州大学学报（哲学社会科学版）》2004年第 3 期。

③ 如《园冶》卷一《园说》："夜雨芭蕉，似杂鲛人之泣泪。"见《〈园冶〉注释（第二版）》，第 51 页。卷一《相地》："窗虚蕉影玲珑。"见《〈园冶〉注释（第二版）》，第 60 页。卷三《借景》："半窗碧隐蕉桐。"见《〈园冶〉注释（第二版）》，第 243 页。

④ 自 20 世纪 60 年代，加拿大作曲家和环境论者雷蒙德·默里·谢弗推广声景（soundscape）的概念以来，声景研究的覆盖面已经变得很广泛，其中对中国古典园林中的声景的研究成果也日益增多。现今这些成果已经被投入实际应用，典型的案例如上海润·建筑工作室合伙人王灝就在自己的城市住宅中引入了声景的设计，在卧室导引流水，在庭院中栽种荷花、芭蕉和翠竹等典型的声景营造的植物。参考网页：https://zhuanlan.zhihu.com/p/79520158。访问时间为 2024 年 4 月 10 日。

第六章　结论与讨论

黑格尔说："传统并不是一尊不动的石像，而是生命洋溢的，有如一道洪流，离开它的源头愈远，它就膨胀得愈大。"[①]

文人园林诞生于农业开发的前线，与农业共生，其观赏价值是叠加在农业经济价值上的附加值。这个"出生"的背景保证了六朝时期的文人园林集中出现在开垦的前线，而非传统的农耕区域，这也是文人园林长久地兼顾自然景观与农业景观的原因，故有自然与人工相连续的效果，"虽由人造，宛自天开"甚至成了后世营建园林的准则。[②] 同时也保证了园林的地理分布有大致的规律可循：一直受到农业发展的驱动，与农业相互作用。

江南宅园产生于六朝时期的江南地区，为何六朝时期没有直

---

① 《哲学史讲演录》第一卷，第 8 页。

② 郝大维（David L. Hall）与安乐哲（Roger T. Ames）认为中西方自然观存在极大的差异：在中国人主导的思维方式中缺乏自然和人工之间的强烈差别，作为艺术作品的园林的营造所涉及的是对自然的教化。这种教化或培育保持着自然和人工之间的连续性。冯仕达（Stanislaus Fung）与杰克逊（Mark Jackson）认为中西建筑与景观传统中的人与自然的关系有明显的不同：西方为互相对立、排斥的"二元"关系；中国的则是相互关联依赖、相互转化生成的"两极"关系。分别参考 David L. Hall，Roger T. Ames，The Cosmological Setting of Chinese Garden. Studies in the History of Gardens & Designed Landscapes，Vol. 3，No. 18，1998；Stanislaus Fung，Mark Jackson，Dualism and Polarism: Structure of Architecture and Landscape Architectural Discourse in China and the West. Interstices（Auckland），No. 4，1996.

接进入中国园林的"江南时代"？六朝庄园的园主大多是门阀贵族，其庄园是在北方宫苑园林审美观的强势影响下建造而成，体现着北方园林传统的精神与气势，雄伟壮阔，强调旷景，此时一系列寻奇探险式的山水发现活动也大都围绕着这个主题。而在江南地区，谢灵运式的观景与景观呈现方式与此并没有多大抵牾之处。此外，即便是小众的陶渊明式庭院的景观，虽不具备登高俯瞰的条件，但他理想的桃花源除了外围奥景隔离俗世，中部也同样是以"土地平旷，屋舍俨然。有良田、美池、桑竹之属。阡陌交通，鸡犬相闻"这类平畴旷景的景观为主。

这种情况还与庄园位于开垦线上有关，作为唐代村落前身的庄园尚未发生分化，占地面积很大，相应的景观尺度也就较大。随着北方政权统一中国，政治中心再次回到了以长安、洛阳为核心的秦岭嵩洛地区。西部高山峻岭的自然条件促使园林再度继承以高旷远奇为主的审美风尚。所以南宋之后形成的中国古典园林的"江南时代"，并不仅仅是由优越的江南自然环境塑造而成的。

中国的宇宙规律讲究的是同类物质之间的互相影响，发生模式也不是机械的因果关系，而是协同共鸣。易言之，如果我们依靠力学来说明，那么古典园林这一协奏曲所传递的主题变迁就是多种因素形成的合力效果。

登高追求旷景的观景方式，使得高台楼馆类建筑拔地而起，成为一种权力地位的展现，园林景物就会以大尺度的片区组成的形式来呈现，相应地就会忽略掉景物的细节呈现。如上帝一般，站在制高点俯览世界是一件较为容易的事情，而这种从垂直俯视的视角了解到的是"景物的静态空间分布关系"。但是，要站在同一水平面去透视其他环境事物则困难得多，所以需要多种因素的合力推动。①

　　唐代均田制的施行促使无主荒地面积缩减，农业的进一步发展和农业经营方式的变更，都促成了文人园林的分布从山泽间走向城市。园林楔入城内与城郊的荒地，规模自然就会越来越小。这期间，运动方向的折返可用"异物"作为明显的征候。早期园林中充斥着奇花异木、珍禽异兽等"异物"，它们几乎都是来自边地的方物。这些"异物"是园林作为艺术品的标识。② 中唐之后，边地逐渐消逝的同时，这些"异物"在园林中也逐渐消失了，这成为"向外"拓展转为"向内"精耕的象征。

　　与此同时，科举取士造就了新兴世俗地主阶层。中唐政治斗争加剧，门阀经济破产，古文运动抵制骈文、复归简朴，在这些社会因素汇聚而成的园林观念的影响之下，对抗大庄园的文人小型庭院式园林开始普及。园林规模逐渐缩小，相应地，高台类建筑的比重就会逐渐降低。台基、阶陛渐趋扁平，仅成文弱之衬托，"台随檐出"及"须弥座"等仅为宋、辽以后建筑外形显著之轮廓。③ 观景点也不再停留在高处，而是移向水平面，曲径、廊以及舟行游观等引导行人游览，静态图片化的园林景观丰富了起来，成为小型视觉单元的集锦，关注点集中在景观系统内的协

---

　　① 《经验透视中的空间与地方》，第 22～24 页；《日常生活实践：1. 实践的艺术》，第 202 页。

　　② "任何事物都潜在地是艺术，但是，为了成为艺术，还要要求：首先有审美的意图或注意，其次有以某种方式构形——主动地使其特殊或者在想象中把它当作特殊。"见《审美的人》，第 95 页。

　　③ 梁思成：《中国建筑史》，三联书店，2011 年，第 5 页。

同效果。园林结构也由"山水"走向"水石"二元。① 据此，江南宅园子系统从北方宫苑子系统中剥离出来，并且超越了宫苑系统，转而对其产生持续的影响力。所谓的古典园林的"江南时代"的造景手法与特征，在中唐之后就基本形成了。而北宋园林，尤其是洛阳的城市园林因为大多继承的是唐代遗产，可以说与中唐文人园林一脉相承。这时的文人园林很有活力，包孕着各个方面的可能性，兼具宏大与幽邃，人工与自然，亲水与登临等。② 只是在南宋之后，中国文化进一步转向内在，如同文人园林与文人山水画集中在了山水形质的"远"一样，文人园林成了结合时空的至小和私密庭园内的想象世界，放弃了其他的可能。

奥斯瓦尔德·斯宾格勒（Oswald Spengler）在《西方的没落》中提出，中国建筑包括北京故宫与苏州园林之类在平面上铺开，没有向天空扩展，并以此来论证中华民族是没有宗教感的民族，中国人的灵魂没有纵深的需求。综上可知，中国古典园林确实存在过向上扩展的历史，只是在后来空间压缩的过程中，这种具象的"纵深"转换成了哲学上的"三远"。徐复观认为："远是山水形质的延伸。此一延伸，是顺着一个人的视觉，不期然而然地转移到想象上面。由这一转移，而使山水的形质，直接通向虚无，由有限直接通向无限，人在视觉与想象的统一中，可以明确

---

① 米歇尔·德·塞托认为，当从地图式的"看"的描绘转换成为游观式的"行"的描述时，一个景点就会被分解成为小型的视觉单元集合。参考《日常生活实践：1.实践的艺术》，第202页。

② "洛人云园圃之胜，不能相兼者六：务宏大者少幽邃，人力胜者少苍古，多水泉者艰眺望。"见《洛阳名园记》，第15~16页。

把握到从现实中超越上去的意境，在此一意境中，山水的形质，烘托出了远处的无。这并不是空无的无，而是作为宇宙根源的生机生意，在漠漠中作若隐若现的悦动。而山水远处的无，又反转烘托出山水的形质，乃是宇宙相通相感的一片化机。"①

两种建园规模分别对应了两种不同的生态系统的面积大小，即空间尺度。小尺度具有低概括的高分辨率，而大尺度则往往具有高概括的较低分辨率。② 中古园林的性质的转变，伴随着的是尺度从大转小的变迁。从这个层面来说，文人园林的发展可简要概括为三次变迁：第一次在六朝时，社会背景是文人群体的山水发现活动，谢灵运与陶渊明的宅园都位于开垦前线，建造的是村庄形态的庄园式园林，以大尺度造景为主，强调登临观景，体现的是以旷为主的大山水景观。第二次发生在中唐至于北宋，主要代表为长安、洛阳的城市园林、城郊园林与山野园林。这时的山野园林观景重心仍然在外部自然。但是由于用地局限，景观尺度明显缩减，旷奥两种景观并行，"水石"取代"山水"结构的趋势明显。第三次发生在南宋之后，即文人园林的"江南时代"，是在中唐以来的基础上的进一步提纯，主要为田野围合的城市、城郊小园林，景观重心进一步内聚，集中在了园内的人工造景。相对应的是以奥为主，以旷为辅。所以，中古时期文人园林的空间变迁可以看作是农业开发的驱动下，水平轴上园林中心从西部秦岭嵩洛走向东部低地丘陵的过程，与垂直轴上观景视角逐渐下

①　《中国艺术精神》，第 211 页。
②　傅伯杰等编著：《景观生态学原理及应用》，科学出版社，2015 年，第 45 页。

降的过程相互叠加的结果。

一般研究认为，六朝时期山水诗、山水画的诞生，是文人应对外界自然环境破坏后的心灵补给物。① 笔者想借用这种颇具"视觉补偿"色彩的理论探讨，尝试解释中古文人园林变迁背后的心灵驱动力。黑格尔认为："艺术理想的本质就在于这样使外在的事物还原到具有心灵性的事物，因而使外在的现象符合心灵，成为心灵的表现。但是这种到内在生活的还原却不是回到抽象形式的普遍性，不是回到抽象思考的极端，而是停留在中途的一个点上，在这个点上纯然外在的因素与纯然内在的因素能互相调和。因此理想就是从一大堆个别偶然的东西之上所捡回来的现实，因为内在因素在这种与抽象普遍性相对立的外在形象里显现为活的个性。"② 黑格尔的这种观点为格式塔心理学派所验证、继承与发展。鲁道夫·阿恩海姆（Rudolf Arnheim）认为："一切物理活动都可以被看作是趋向平衡的活动。在心理学领域

---

① 弗洛伊德认为游戏和艺术的功用都是治疗。艺术不仅具有使人获得现实欲望的替代满足的补充功能，还具有现实活动不可能具有的独特功能。见〔奥〕西格蒙德·弗洛伊德（Sigmund Freud）著，侯国良、顾闻译，朱人骏校：《创造性作家与白日梦》，《文艺理论研究》1981 年 3 期。弗洛伊德还认为"艺术家的创造物——艺术作品——恰如梦一般，是无意识愿望在想象中的满足；艺术作品像梦一样，具有调和的性质，因为它们也不得不避免与压抑的力量发生任何公开的冲突。不过，艺术作品又不像梦中那些以自我为中心的自恋性的产物，因为艺术作品旨在引起他人的共鸣，唤起并满足他人相同的无意识的愿望冲动。"见〔奥〕西格蒙德·弗洛伊德著，顾闻译：《弗洛伊德自传》，上海人民出版社，1987 年，第 94 页。此外，关于文人园林的心灵抚慰观点，可参考吴世昌：《魏晋风流与私家园林》，《学文》1934 年第 2 期；聂振斌：《中国艺术精神的现代转化》，北京大学出版社，2013 年，第 124～130 页；等等。

② 《美学》第一卷，第 201 页。

中……每一个心理活动领域都趋向于一种最简单、最平衡和最规则的组织状态。弗洛伊德在解释他自己提出的'愉快原则'时也曾说过，他坚信一个心理事件的发动是由一种不愉快的张力刺激起来的。这个心理事件一旦开始之后，便向着能够减少这种不愉快的张力的方向发展。"[1] 简而言之，人的心灵有趋向于热力学"熵变"的过程，以获得一种心理的平衡态。而在反映心灵性的艺术品中，不符合这种平衡状态的景物，都会对主观的心灵产生一种不愉快的张力，这种张力的存在就必然会推动进一步的"熵变"进程。

　　大自然的无限，本身就是一种压逼性的存在。[2] 壮美景观（旷景）就是依恃"不愉快的张力"来对心灵产生刺激作用的，从这层意义上来说，文人园林中优美景观（奥景）取代壮美景观成为主要的审美取向，就成了一个自然而然的必然趋势。毕竟在日常生活中，长期与"不愉快的张力"共存并不是一件轻松的事情。后期社会中的旷景设置逐渐退居至公共景区之中。这种公共景观的张力设置，往往是为了引导、强化观者对其某方面内容的关注，例如大型纪念碑性建筑（宫殿、寺院）等。而私家园林，尤其是江南文人园林，依靠的是繁复的线条与序列，而复杂景物的布置最终竟呈现出合力为零的效果，冲融淡远的风格就是为了满足心灵的平衡状态，这样环境才是安放心灵的居所；却也因为各个分力的存在，营造出了一触即发的想象力的场域，而一步一

――――――――

① 〔美〕鲁道夫·阿恩海姆著，滕守尧、朱疆源译：《艺术与视知觉：视觉艺术心理学》，中国社会科学出版社，1984年，第37页。

② 《经验透视中的空间与地方》，第51页。

景呈现的就是一种和谐的生命宇宙观的各个面向。这是江南文人园林永恒魅力之所在。

但笔者并不赞成这两种景观有高下之分，正如柳宗元赞扬旷奥两宜，旷奥二种景观具有不同的效果，并不可能完全取代对方，"山楼凭远，纵目皆然；竹坞寻幽，醉心即是"[1]。真正美的景观应使人们找到更完整的自己。[2] 这是两种景观一直并存，并将一直共存下去的原因。

---

[1] 《〈园冶〉注释（第二版）》，第51页。

[2] 〔美〕约翰·布林克霍夫·杰克逊（John Brinckerhoff Jackson）著，俞孔坚等译：《发现乡土景观》，商务印书馆，2015年，第90页。

参考文献

古籍：

白居易编，孔传续编，1987. 白孔六帖 [M]. 四库全书本. 上海：上海古籍出版社.

白居易撰，顾学颉校点，1979. 白居易集 [M]. 北京：中华书局.

白居易撰，谢思炜校注，2006. 白居易诗集校注 [M]. 北京：中华书局.

班固撰，1962. 汉书 [M]. 北京：中华书局.

北京大学古文献研究所编，1991. 全宋诗 [M]. 北京：北京大学出版社.

毕沅撰，2004. 关中胜迹图志 [M]. 西安：三秦出版社.

曹学佺撰，刘知渐点校，1984. 蜀中名胜记 [M]. 重庆：重庆出版社.

岑参撰，陈铁民，侯忠义校注，1981. 岑参集校注 [M]. 上海：上海古籍出版社.

晁公武撰，孙猛校证，2011. 郡斋读书志校证 [M]. 上海：上海古籍出版社.

陈继儒撰，罗立刚校注，2000. 小窗幽记 [M]. 上海：上海古籍出版社.

陈景沂编辑，1982. 全芳备祖 [M]. 北京：农业出版社.

陈寿撰，1982. 三国志 [M]. 北京：中华书局.

程俊英，蒋见元撰，1991. 诗经注析 [M]. 北京：中华书局.

程树德撰，程俊英，蒋见元点校，1990. 论语集释［M］. 北京：中华书局.

邓椿撰，1964. 画继［M］. 北京：人民美术出版社.

邓名世撰，2006. 古今姓氏书辩证［M］. 南昌：江西人民出版社.

丁福宝编纂，1916. 全晋诗［M］. 无锡：丁氏铅印本.

丁谦撰，1975. 嵊县志［M］. 台北：成文出版社.

董诰，等编，1990. 全唐文［M］. 上海：上海古籍出版社.

董其昌撰，1968. 容台集［M］. 影印崇祯初刻本. 台北：台湾省"中央"
　图书馆.

杜甫撰，仇兆鳌注，1979，杜诗详注［M］. 北京：中华书局.

杜牧撰，1987. 樊川文集［M］. 上海：上海古籍出版社.

杜绾著，寇甲，孙林编著，2012. 云林石谱［M］. 北京：中华书局.

杜荀鹤撰，1959. 杜荀鹤诗［M］. 北京：中华书局.

杜佑撰，1988. 通典［M］. 北京：中华书局.

段成式撰，方南生点校，1981. 酉阳杂俎［M］. 北京：中华书局.

范成大撰，陆振岳点校，1999. 吴郡志［M］. 南京：江苏古籍出版社.

范晔撰，李贤，等注，1965. 后汉书［M］. 北京：中华书局.

方向东撰，2008. 大戴礼记汇校集解［M］. 北京：中华书局.

房玄龄，等撰，1974. 晋书［M］. 北京：中华书局.

封演撰，张耕注评，2001. 封氏闻见记［M］. 北京：学苑出版社.

葛洪撰，1985. 西京杂记［M］. 北京：中华书局.

龚明之撰，1986. 中吴纪闻［M］. 上海：上海古籍出版社.

顾祖禹撰，1957. 读史方舆纪要［M］. 北京：中华书局.

郭璞注，1985. 尔雅［M］. 北京：中华书局.

郭庆藩辑，王孝鱼整理，1961. 庄子集释［M］. 北京：中华书局.

郭绍虞选编，富寿荪校，1983. 清诗话续编［M］. 上海：上海古籍出版社.

郭熙撰，郭思编，2010. 林泉高致［M］. 北京：中华书局.

韩愈撰，屈守元，常思春主编，1996. 韩愈全集校注［M］. 成都：四川大
　学出版社.

何文焕撰，1981. 历代诗话 [M]. 北京：中华书局.

洪亮吉撰，陈迩冬校点，1983. 北江诗话 [M]. 北京：人民文学出版社.

洪迈撰，穆公校点，2015. 容斋随笔 [M]. 上海：上海古籍出版社.

洪适撰，1987. 盘洲文集 [M]. 四库全书本. 上海：上海古籍出版社.

皇甫枚撰，1960. 三水小牍 [M]. 北京：中华书局.

皇甫谧撰，1985. 高士传 [M]. 北京：中华书局.

黄彻撰，1987. 䂬溪诗话 [M]. 四库全书本. 上海：上海古籍出版社.

黄滔撰，1987. 黄御史集 [M]. 四库全书本. 上海：上海古籍出版社.

嵇含撰，1985. 南方草木状 [M]. 北京：中华书局.

计成撰，陈植注释，1988.《园冶》注释 [M]. 2 版. 北京：中国建筑工业
  出版社.

计有功撰，王仲镛校笺，2007. 唐诗纪事校笺 [M]. 北京：中华书局.

贾岛撰，李嘉言新校，1983. 长江集新校 [M]. 上海：上海古籍出版社.

贾思勰撰，缪启愉校释，1982. 齐民要术校释 [M]. 北京：农业出版社.

江国璋撰，1889. 川行必读峡江图考 [M]. 沈阳：沈阳詹洪阁.

康骈撰，1958. 剧谈录 [M]. 上海：古典文学出版社.

孔安国传，孔颖达正义，黄怀信整理，2007. 尚书正义 [M]. 上海：上海
  古籍出版社.

李白撰，王琦注，1977. 李太白全集 [M]. 北京：中华书局.

李德裕撰，1985. 李卫公会昌一品集 [M]. 北京：中华书局.

李鼎祚撰，1984. 周易集解 [M]. 北京：中国书店.

李昉撰，1960. 太平御览 [M]. 北京：中华书局.

李昉，等编，1961. 太平广记 [M]. 北京：中华书局.

李吉甫撰，1983. 元和郡县图志 [M]. 北京：中华书局.

李商隐撰，2015. 李商隐诗集 [M]. 上海：上海古籍出版社.

李时珍撰，1975. 本草纲目 [M]. 北京：人民卫生出版社.

李渔撰，汪巨荣，等校注，2000. 闲情偶寄 [M]. 上海：上海古籍出版社.

李肇撰，1957. 唐国史补 [M]. 上海：上海古籍出版社.

李廌撰，1985. 洛阳名园记 [M]. 北京：中华书局.

刘安，等编著，高诱注，1989. 淮南子 [M]. 上海：上海古籍出版社.

刘攽撰，1985. 彭城集 [M]. 北京：中华书局.

刘肃撰，1984. 大唐新语 [M]. 北京：中华书局.

刘熙撰，1985. 释名 [M]. 北京：中华书局.

刘勰撰，1985. 文心雕龙 [M]. 北京：中华书局.

刘昫，等撰，1975. 旧唐书 [M]. 北京：中华书局.

刘义庆撰，徐震堮校笺，1984. 世说新语校笺 [M]. 北京：中华书局.

刘禹锡撰，卞孝萱校订，1990. 刘禹锡集 [M]. 北京：中华书局.

柳宗元撰，1974. 柳河东集 [M]. 上海：上海人民出版社.

卢照邻撰，祝尚书笺注，1994. 卢照邻集笺注 [M]. 上海：上海古籍出
    版社.

陆龟蒙撰，何锡光校注，2015. 陆龟蒙全集校注 [M]. 南京：凤凰出版社.

陆翙撰，王云五主编，1937. 邺中记 [M]. 北京：商务印书馆.

陆以湉撰，2012. 冷庐杂识 [M]. 上海：上海古籍出版社.

陆贽撰，2006. 陆贽集 [M]. 北京：中华书局.

逯钦立辑校，1983. 先秦汉魏晋南北朝诗 [M]. 北京：中华书局.

罗大经撰，1983. 鹤林玉露 [M]. 北京：中华书局.

吕不韦撰，许维遹集释，1985. 吕氏春秋集释 [M]. 北京：中国书店.

茅坤撰，1987. 唐宋八大家文钞 [M]. 四库全书本. 上海：上海古籍出
    版社.

梅尧臣撰，朱东润编年校注，2006. 梅尧臣集编年校注 [M]. 上海：上海
    古籍出版社.

孟浩然撰，佟培基笺注，2000. 孟浩然诗集笺注 [M]. 上海：上海古籍出
    版社.

孟郊撰，华忱之，喻学才校注，1995. 孟郊诗集校注 [M]. 北京：人民文
    学出版社.

穆彰阿，潘锡恩，等撰，2015. 嘉庆重修一统志 [M]. 四库丛刊本. 上海：

上海书店出版社.

穆彰阿，潘锡恩，等纂修，2008. 大清一统志［M］. 上海：上海古籍出版社.

欧阳修，宋祁撰，1975. 新唐书［M］. 北京：中华书局.

欧阳修撰，李逸安点校，2001. 欧阳修全集［M］. 北京：中华书局.

欧阳询撰，汪绍楹校，1965. 艺文类聚［M］. 上海：上海古籍出版社.

彭乘撰，2002. 墨客挥犀［M］. 北京：中华书局.

彭乘撰，2002. 续墨客挥犀［M］. 北京：中华书局.

彭定求，等编，1960. 全唐诗［M］. 北京：中华书局.

权德舆撰，2008. 权德舆诗文集［M］. 上海：上海古籍出版社.

僧肇，等注，2011. 注维摩诘所说经［M］. 上海：上海古籍出版社.

上海古籍出版社，2000. 唐五代笔记小说大观［M］. 上海：上海古籍出版社.

邵博撰，1983. 邵氏闻见后录［M］. 北京：中华书局.

沈德潜编，1975. 唐诗别裁集［M］. 北京：中华书局.

沈复撰，2000. 浮生六记［M］. 上海：上海古籍出版社.

沈括撰，胡道静校注，1957. 梦溪笔谈校证［M］. 上海：古典文学出版社.

沈佺期，宋之问撰，陶敏，等校注，2001. 沈佺期宋之问集校注［M］. 北京：中华书局.

沈约撰，1974. 宋书［M］. 北京：中华书局.

沈约撰，陈庆元校笺，1995. 沈约集校笺［M］. 杭州：浙江古籍出版社.

沈周撰，2013. 沈周集［M］. 上海：上海古籍出版社.

司空图撰，1994. 司空表圣文集［M］. 上海：上海古籍出版社.

司马光编著，胡三省音注，1956. 资治通鉴［M］. 北京：中华书局.

司马光撰，1985. 司马温公文集［M］. 北京：中华书局.

司马迁撰，1982. 史记［M］. 北京：中华书局.

宋敏求编，2008. 唐大诏令集［M］. 北京：中华书局.

苏轼撰，傅成，穆俦标点，2000. 苏轼全集［M］. 上海：上海古籍出版社.

苏舜钦撰，沈文倬点校，1981. 苏舜钦集［M］. 上海：上海古籍出版社.

孙承泽撰，1984. 天府广记［M］. 北京：北京古籍出版社.

孙光宪撰，贾二强点校，2002. 北梦琐言［M］. 北京：中华书局.

孙星衍撰，庄逵吉校定，1936. 三辅黄图［M］. 北京：商务印书馆.

昙无谶译，宗文点校，2011. 涅槃经［M］. 北京：宗教文化出版社.

唐顺之撰，1919. 荆川先生文集［M］. 四部丛刊本. 上海：商务印书馆.

陶渊明撰，逯钦立校注，1979. 陶渊明集［M］. 北京：中华书局.

田汝成撰，1980. 西湖游览志［M］. 杭州：浙江人民出版社.

王弼注，楼宇烈校释，2008. 老子道德经注校释［M］. 北京：中华书局.

王勃撰，赵殿成笺注，1992. 王子安集［M］. 上海：上海古籍出版社.

王昶辑，1985. 金石萃编［M］. 北京：中国书店.

王夫之撰，戴鸿森笺注，1981. 姜斋诗话笺注［M］. 北京：人民文学出版社.

王嘉撰，萧绮录，齐治平校注，1981. 拾遗记［M］. 北京：中华书局.

王明清撰，1961. 挥尘录［M］. 北京：中华书局.

王钦若，等编，1960. 册府元龟［M］. 北京：中华书局.

王仁裕撰，曾贻芬点校，2006. 开元天宝遗事［M］. 北京：中华书局.

王士祯撰，1963. 带经堂诗话［M］. 北京：人民文学出版社.

王维著，杨文生编著，2003. 王维诗集笺注［M］. 成都：四川人民出版社.

王维撰，陈铁民校注，1997. 王维集校注［M］. 北京：中华书局.

王维撰，赵殿成笺注，1961. 王右丞集笺注［M］. 上海：上海古籍出版社.

王象之撰，2005. 舆地纪胜［M］. 成都：四川大学出版社.

王贻梁，陈建敏撰，1994. 穆天子传汇校集释［M］. 上海：华东师范大学出版社.

王重民，等辑录，1982. 全唐诗外编［M］. 北京：中华书局.

韦应物著，孙望编著，2002. 韦应物诗集系年校笺［M］. 北京：中华书局.

卫宗武撰，1987. 秋声集［M］. 四库全书本. 上海：上海古籍出版社.

魏禧撰，2003. 魏叔子文集［M］. 北京：中华书局.

文同撰，胡问涛，罗琴校注，1999. 文同全集编年校注［M］. 成都：巴蜀
书社.

文彦博撰，2004. 文潞公文集［M］. 宋集珍本丛刊. 成都：四川大学出
版社.

文震亨撰，2013. 长物志［M］. 北京：中华书局.

吴炳撰，罗斯宁校注，1985. 绿牡丹［M］. 上海：上海古籍出版社.

吴钢主编，1999. 全唐文补遗：第六辑［M］. 西安：三秦出版社.

吴兢编，1978. 贞观政要［M］. 上海：上海古籍出版社.

吴淇撰，汪俊，等点校，2009. 六朝选诗定论［M］. 扬州：广陵书社.

向子諲撰，1936. 酒边词［M］. 北京：杂志公司.

萧统编，李善注，1986. 文选［M］. 上海：上海古籍出版社.

萧子显撰，1972. 南齐书［M］. 北京：中华书局.

谢灵运撰，顾绍柏校注，1987. 谢灵运集校注［M］. 郑州：中州古籍出
版社.

谢肇淛撰，沈世荣标点，1935. 文海披沙［M］. 上海：大达图书供应社.

辛文房撰，孙映逵校注，2013. 唐才子传校笺［M］. 北京：中国社会科学
出版社.

徐松撰，张穆校补，1985. 唐两京城坊考［M］. 北京：中华书局.

徐元诰撰，王树民，沈长云，点校，2002. 国语集解［M］. 北京：中华
书局.

许慎撰，段玉裁注，1981. 说文解字注［M］. 上海：上海古籍出版社.

严可均校辑，1958. 全上古三代秦汉三国六朝文［M］. 北京：中华书局.

严羽，张健注解，2012. 沧浪诗话［M］. 上海：上海古籍出版社.

严羽撰，1985. 沧浪诗话［M］. 北京：中华书局.

颜之推原著，王利器撰，1993. 颜氏家训集解（增补本）［M］. 北京：中华
书局.

杨孚撰，1985. 异物志［M］. 北京：中华书局.

杨炫之撰，周祖谟校释，2000. 洛阳伽蓝记校释［M］. 上海：上海书店出

版社.

姚合撰，吴河清整理，2012. 姚合诗集校注［M］. 上海：上海古籍出版社.

姚思廉撰，1973. 梁书［M］. 北京：中华书局.

俞琰选辑，1936. 咏物诗选［M］. 上海：上海中央书店.

庾信撰，倪璠批注，许逸民校点，1980. 庾子山集注［M］. 北京：中华书局.

元结撰，1960. 元次山集［M］. 北京：中华书局.

元稹撰，冀勤点校，1982. 元稹集［M］. 北京：中华书局.

袁珂校注，1980. 山海经校注［M］. 上海：上海古籍出版社.

乐史撰，2007. 太平寰宇记［M］. 北京：中华书局.

曾枣庄，等主编，1990. 全宋文：第十册［M］. 成都：巴蜀书社.

张岱撰，2008. 陶庵梦忆［M］. 北京：中华书局.

张籍撰，1959. 张籍诗集［M］. 北京：中华书局.

张洎撰，1987. 贾氏谈录［M］. 四库全书本. 上海：上海古籍出版社.

张谦宜撰，2002. 絸斋诗谈［M］. 续修四库全书本. 上海：上海古籍出版社.

张舜民撰，2012. 画墁录［M］. 上海：上海古籍出版社.

张彦远撰，俞建华注释，1964. 历代名画记［M］. 上海：上海人民美术出版社.

赵岐注，孙奭疏，1999. 孟子注疏［M］. 北京：北京大学出版社.

赵汝适撰，1996. 诸蕃志校释［M］. 北京：中华书局.

赵翼撰，1963. 瓯北诗话［M］. 北京：人民文学出版社.

浙江省地方志编纂委员会编，2009. 宋元浙江方志集成［M］. 杭州：杭州出版社.

郑玄注，贾公彦疏，黄侃经文句读，1990. 周礼注疏［M］. 上海：上海古籍出版社.

《中华大藏经》编辑局整理，1985. 中华大藏经：第九册［M］. 北京：中华书局.

《中华大藏经》编辑局整理，1986. 中华大藏经：第十八册［M］. 北京：中华书局.

钟惺撰，李先耕，等标校，1992. 隐秀轩集［M］. 上海：上海古籍出版社.

钟惺，谭元春选评，张国光点校，1985. 诗归［M］. 武汉：湖北人民出版社.

仲长统撰，孙启治校注，2012. 昌言校注［M］. 北京：中华书局.

周密撰，1988. 癸辛杂识［M］. 北京：中华书局.

周密撰，2007. 武林旧事［M］. 北京：中华书局.

朱熹集注，1979. 楚辞集注［M］. 上海：上海古籍出版社.

朱熹撰，1958. 诗集传［M］. 北京：中华书局.

左丘明撰，杜预集解，2015. 左传［M］. 上海：上海古籍出版社.

专著：

阿诺德·柏林特，2006. 环境美学［M］. 张敏，周雨，译. 长沙：湖南科学技术出版社.

埃德蒙·利奇，2000. 文化与交流［M］. 郭凡，邹和，译. 上海：上海人民出版社.

埃伦·迪萨纳亚克，2005. 审美的人［M］. 户晓辉，译. 北京：商务印书馆.

艾朗诺，2013. 美的焦虑：北宋士大夫的审美思想与追求［M］. 杜斐然，刘鹏，潘玉涛，译. 郭勉愈，校. 上海：上海古籍出版社.

艾伦·卡尔松，2006. 自然与景观［M］. 长沙：湖南科学技术出版社.

爱德华·W. 萨义德，2007. 东方学［M］. 王宇根，译. 北京：三联书店.

爱德华·谢弗，2005. 唐代的外来文明［M］. 吴玉贵，译. 西安：陕西师范大学出版社.

安怀起，1991. 中国园林史［M］. 上海：同济大学出版社.

安怀起，2009. 杭州园林［M］. 上海：同济大学出版社.

鲍吾刚，2010. 中国人的幸福观［M］. 严蓓雯，韩雪临，吴祖德，译. 南京：江苏人民出版社.

北京大学哲学系美学教研室，1980. 西方美学家论美和美感［M］. 北京：商务印书馆.

贝拉·巴拉兹，1978. 电影美学［M］. 何力，译. 邵牧君，校. 北京：中国电影出版社.

彼得·L. 伯格，托马斯·卢克曼，2009. 现实的社会构建［M］. 汪涌，译. 北京：北京大学出版社.

毕嘉珍，2012. 墨梅［M］. 陆敏珍，译. 南京：江苏人民出版社.

卜正民，2004. 纵乐的困惑：明代商业与文化［M］. 方骏，译. 北京：三联书店.

曹林娣，2005. 静读园林［M］. 北京：北京大学出版社.

岑仲勉，1960. 唐史余沈［M］. 上海：上海古籍出版社.

陈伯海，2015. 陈伯海文集［M］. 上海：上海社会科学院出版社.

陈从周，1980. 园林谈丛［M］. 上海：上海文化出版社.

陈从周，1984. 说园［M］. 上海：同济大学出版社.

陈从周，2007. 扬州园林［M］. 上海：同济大学出版社.

陈从周，2010. 未尽园林情［M］. 北京：商务印书馆.

陈从周，蒋启霆，2011. 园综［M］. 赵厚均，校订注释. 上海：同济大学出版社.

陈明达，1990. 中国古代木结构建筑技术：战国—北宋［M］. 北京：文物出版社.

陈师曾，1922. 中国文人画之研究［M］. 北京：中华书局.

陈寅恪，1963. 隋唐制度渊源略论稿［M］. 北京：中华书局.

陈寅恪，陈美延，2001. 元白诗笺证稿［M］. 北京：三联书店.

陈植，2006. 中国造园史［M］. 北京：建筑工业出版社.

成中英，2006. 易学本体论［M］. 北京：北京大学出版社.

川合康三，2013. 终南山的变容：中唐文学论集［M］. 刘维治，张剑，蒋寅，译. 上海：上海古籍出版社.

戴伟华，1999. 唐代文学研究丛稿 ［M］. 台北：学生书局.

段义孚，1998. 经验透视中的空间与地方 ［M］. 潘桂成，译. 台北："国立"编译馆.

方东美，2012. 中国哲学精神及其发展 ［M］. 北京：中华书局.

方闻，2011. 超越再现：8 世纪至 14 世纪中国书画 ［M］. 李维琨，译. 杭州：浙江大学出版社.

方闻，2016. 中国艺术史九讲 ［M］. 谈晟广，编. 上海：上海书画出版社.

冯钟平，1985. 中国园林建筑研究 ［M］. 济南：丹青图书有限公司.

傅伯杰，等，2015. 景观生态学原理及应用 ［M］. 北京：科学出版社.

傅筑夫，1984. 中国封建社会经济史 ［M］. 北京：人民出版社.

冈大路，2008. 中国宫苑园林史考 ［M］. 瀛生，译. 北京：学苑出版社.

高居翰，2009. 隔江山色：元代绘画（1279—1368）［M］. 宋伟航，等，译. 北京：三联书店.

高居翰，2009. 江岸送别：明代初期与中期绘画（1368—1580）［M］. 夏春梅，等，译. 北京：三联书店.

高居翰，2009. 气势撼人：十七世纪中国绘画中的自然与风格 ［M］. 李佩桦，等，译. 北京：三联书店.

高居翰，2009. 山外山：晚明绘画 ［M］. 王嘉骥，译. 北京：三联书店.

高居翰，2012. 画家生涯：传统中国画家的生活与工作 ［M］. 杨贤宗，等，译. 北京：三联书店.

高居翰，黄晓，刘珊珊，2012. 不朽的林泉：中国古代园林绘画 ［M］. 北京：三联书店.

高罗佩，2015. 长臂猿考 ［M］. 施晔，译. 上海：中西书局.

葛晓音，1989. 八代诗史 ［M］. 西安：陕西人民出版社.

葛晓音，1993. 山水田园诗派研究 ［M］. 沈阳：辽宁大学出版社.

顾彬，1990. 中国文人的自然观 ［M］. 马树德，译. 上海：上海人民出版社.

顾颉刚，1935. 汉代学术史略 ［M］. 上海：亚细亚书局.

顾颉刚，1982. 古史辨：第五册 [M]. 上海：上海古籍出版社.

顾凯，2010. 明代江南园林研究 [M]. 南京：东南大学出版社.

郭宝钧，1963. 中国青铜器时代 [M]. 北京：三联书店.

郭维森，许结，1996. 中国辞赋发展史 [M]. 南京：江苏教育出版社.

哈·麦金德，2010. 历史的地理枢纽 [M]. 林尔蔚，陈江，译. 北京：商
务印书馆.

韩林德，1995. 境生象外：华夏审美与艺术特征考察 [M]. 北京：三联
书店.

汉宝德，2014. 物象与心境：中国的园林 [M]. 北京：三联书店.

汉宝德，1990. 风情与文物 [M]. 台北：九歌出版社.

黑格尔，1981. 美学 [M]. 朱光潜，译. 北京：商务印书馆.

黑格尔，1983. 哲学史讲演录：第一卷 [M]. 贺麟，王太庆，译. 北京：
商务印书馆.

侯迺慧，1991. 诗情与幽境：唐代文人的园林生活 [M]. 台北：东大图书
股份有限公司.

侯迺慧，2010. 宋代园林及其生活文化 [M]. 台北：三民书局.

胡宝国，2014. 汉唐间史学的发展 [M]. 北京：北京大学出版社.

胡适，2013. 胡适古典文学研究论集 [M]. 上海：上海古籍出版社.

黄宾虹，2013. 古画微 [M]. 杭州：浙江人民美术出版社.

黄简，1979. 历代书法论文选 [M]. 上海：上海书画出版社.

黄景进，2004. 意境论的形成：唐代意境论研究 [M]. 台北：学生书局.

吉川忠夫，2012. 六朝精神史研究 [M]. 王启发，译. 南京：江苏人民出
版社.

冀朝鼎，1981. 中国历史上的基本经济区与水利事业的发展 [M]. 北京：
中国社会科学出版社.

加斯东·巴什拉，2009. 空间的诗学 [M]. 张逸婧，译. 上海：上海译文
出版社.

金学智，2005. 中国园林美学 [M]. 北京：中国建筑工业出版社.

柯律格，2013. 中国艺术［M］. 刘颖，译. 上海：上海人民出版社.

柯律格，2015. 长物：早期现代中国的物质文化与社会状况［M］. 高昕丹，
　　陈恒，译. 洪再新，校. 北京：三联书店.

柯律格，2015. 山水之境：中国文化中的风景园林［M］. 吴欣，编. 北京：
　　三联书店.

雷德侯，2012. 万物：中国艺术中的模件化和规模化生产［M］. 张总，等，
　　译. 党晟，校. 北京：三联书店.

李伯重，2009. 唐代江南农业的发展［M］. 北京：北京大学出版社.

李浩，1996. 唐代园林别业考论［M］. 西安：西北大学出版社.

李浩，2005. 唐代园林别业考录［M］. 上海：上海古籍出版社.

李胜利，陈庆予，2014. 艺术概论［M］. 2 版. 北京：中国传媒大学出
　　版社.

李世葵，2010.《园冶》园林美学研究［M］. 北京：人民出版社.

李晓东，2007. 中国空间［M］. 北京：中国建筑工业出版社.

李雁，2005. 谢灵运研究［M］. 北京：人民文学出版社.

李约瑟，2006. 中国科学技术史：第六卷第一分册［M］. 袁以苇，等，译.
　　北京：科学出版社.

李泽厚，2009. 美的历程［M］. 北京：三联书店.

理查德·舒斯特曼，2011. 身体意识与身体美学［M］. 程相占，译. 北京：
　　商务出版社.

笠原仲二，1988. 古代中国人的美意识［M］. 杨若薇，译. 北京：三联
　　书店.

梁思成，2011. 中国建筑史［M］. 北京：三联书店.

廖蔚卿，1997. 汉魏六朝文学论集［M］. 台北：大安出版社.

林继中，1996. 唐诗与庄园文化［M］. 桂林：漓江出版社.

刘大杰，1957. 中国文学发展史［M］. 北京：古典文学出版社.

刘敦桢，1980. 中国古代建筑史［M］. 北京：中国建筑工业出版社.

刘敦桢，2005. 苏州古典园林［M］. 北京：中国建筑工业出版社.

刘继潮，2011. 游观：中国古典绘画空间本体诠释［M］. 北京：三联书店.

刘若愚，1990. 中国诗学［M］. 郑州：河南人民出版社.

刘苑如，2010. 朝向生活世界的文学诠释：六朝宗教叙述的身体实践与空间书写［M］. 台北：新文丰出版公司.

刘苑如，2012. 体现自然：意象与文化实践［M］. 台北：台湾省"中央"研究院中国文哲研究所.

刘苑如，2013. 生活园林：中国园林书写与日常生活［M］. 台北：台湾省"中央"研究院中国文哲研究所.

刘致平，1957. 中国建筑类型与结构［M］. 北京：建筑工业出版社.

刘中文，2006. 唐代陶渊明接受研究［M］. 北京：中国社会科学出版社.

刘子健，2012. 中国转向内在：两宋之际的文化转向［M］. 赵冬梅，译. 南京：江苏人民出版社.

鲁晨海，2006. 中国历代园林图文精选［M］. 上海：同济大学出版社.

鲁道夫·阿恩海姆，1984. 艺术与视知觉：视觉艺术心理学［M］. 滕守尧，朱疆源，译. 北京：中国社会科学出版社.

鲁道夫·阿恩海姆，1986. 视觉思维：审美直觉心理学［M］. 滕守尧，译. 北京：光明日报出版社.

鲁道夫·阿恩海姆，2003. 艺术的心理世界［M］. 周宪，译. 北京：中国人民大学出版社.

陆侃如，1985. 中古文学系年［M］. 北京：人民文学出版社.

陆扬，2016. 清流文化与唐帝国［M］. 北京：北京大学出版社.

逯钦立，吴云，1984. 汉魏六朝文学论集［M］. 西安：陕西人民出版社.

路文彬，2007. 视觉时代的听觉细语：20 世纪中国文学伦理问题研究［M］. 合肥：安徽教育出版社.

罗联添，1979. 中国文学史论文选集［M］. 台北：学生书局.

罗宗强，1986. 隋唐五代文学思想史［M］. 上海：上海古籍出版社.

马克·布洛赫，1991. 法国农村史［M］. 余中先，张朋浩，车耳，译. 北京：商务印书馆.

马立博，2015. 中国环境史：从史前到现代 [M]. 关永强，高丽洁，译.
　北京：中国人民大学出版社.

马千英，1985. 中国造园艺术泛论 [M]. 台北：詹氏书局.

迈克尔·苏利文，2014. 中国艺术史 [M]. 徐坚，译. 上海：上海人民出
　版社.

毛汉光，2002. 中国中古社会史论 [M]. 上海：上海书店.

蒙培元，2004. 人与自然：中国哲学生态观 [M]. 北京：人民出版社.

孟白，刘托，周奕扬，2008. 中国古典风景园林图汇 [M]. 北京：学苑出
　版社.

孟子厚，安翔，丁雪，2011. 声景生态的史料方法与北京的声音 [M]. 北
　京：中国传媒大学出版社.

米歇尔·德·塞托，2015. 日常生活实践：1. 实践的艺术 [M]. 方琳琳，
　黄春柳，译. 南京：南京大学出版社.

牟发松，2014. 历史时期江南的经济、文化与信仰 [M]. 上海：华东师范
　大学出版社.

聂振斌，2013. 中国艺术精神的现代转化 [M]. 北京：北京大学出版社.

欧内斯特·H. 威尔逊，2015. 中国：园林之母 [M]. 胡启明，译. 广州：
　广东科技出版社.

潘朝阳，2005. 心灵·空间·环境：人文主义的地理思想 [M]. 台中：五
　南图书出版公司.

潘谷西，2000. 江南理景艺术 [M]. 南京：东南大学出版社.

潘运告，2003. 清代画论 [M]. 长沙：湖南美术出版社.

彭梅芳，2011. 中唐文人日常生活与创作关系研究 [M]. 北京：人民出
　版社.

彭一刚，1986. 中国古典园林分析 [M]. 北京：中国建筑工业出版社.

钱钟书，2001. 谈艺录 [M]. 北京：三联书店.

清宫刚，1997. 中国古代文化研究：君臣观、道家思想与文学 [M]. 商聚
　德，审校. 北京：九洲图书出版社.

入谷仙介，2005. 王维研究 ［M］. 卢燕平，译 . 北京：中华书局.

叔本华，1982. 作为意志和表象的世界 ［M］. 石冲白，译 . 北京：商务印书馆.

叔本华，2009. 叔本华的美学随笔 ［M］. 韦启昌，译 . 上海：上海人民出版社.

斯波义信，2012. 宋代江南经济史研究 ［M］. 方健，何忠礼，译 . 南京：江苏人民出版社.

四川省文史研究馆，2006. 成都城坊古迹考 ［M］. 成都：成都时代出版社.

宋红，2001. 日韩谢灵运研究译文集 ［M］. 南宁：广西师范大学出版社.

苏发祥，郁丹，2013. 中国宗教多元与生态可持续性发展研究 ［M］. 北京：学苑出版社.

谈晟广，2009. 画人画诠 ［M］. 石家庄：河北教育出版社.

谭其骧，2009. 长水集 ［M］. 北京：人民出版社.

汤姆·米歇尔，2012. 图像学：形象，文本，意识形态 ［M］. 陈永国，译 . 北京：北京大学出版社.

汤用彤，1989. 汉魏两晋南北朝佛教史 ［M］. 北京：中华书局.

唐长孺，1957. 三至六世纪江南大土地所有制的发展 ［M］. 上海：上海人民出版社.

唐长孺，1992. 魏晋南北朝隋唐史三论：中国封建社会的形成和前期的变化 ［M］. 武汉：武汉大学出版社.

唐长孺，2013. 山居存稿 ［M］. 武汉：武汉大学出版社.

提姆·克瑞斯威尔，2006. 地方：记忆、想像与认同 ［M］. 徐苔玲，王志弘，译 . 新北：群学出版有限公司.

田晓菲，2007. 尘几录：陶渊明与手抄本文化研究 ［M］. 北京：中华书局.

田晓菲，2010. 烽火与流星：萧梁王朝的文学与文化 ［M］. 北京：中华书局.

田晓菲，2015. 神游：早期中古时代与十九世纪中国的行旅写作 ［M］. 北京：三联书店.

田余庆，1989. 东晋门阀政治 [M]. 北京：北京大学出版社.

童寯，1997. 东南园墅 [M]. 北京：中国建筑工业出版社.

童寯，2000. 童寯文集：第一卷 [M]. 北京：中国建筑工业出版社.

童寯，2014. 江南园林志 [M]. 北京：中国建筑工业出版社.

汪菊渊，2006. 中国古代园林史 [M]. 北京：中国建筑工业出版社.

王铎，2003. 中国古代苑园与文化 [M]. 武汉：湖北教育出版社.

王汎森，2014. 执拗的低音：一些历史思考方式的反思 [M]. 北京：三联
    书店.

王国维，2002. 静庵文集 [M]. 续修四库全书本. 上海：上海古籍出版社.

王国维，2013. 人间词话汇编汇校汇评 [M]. 周锡山，编校注评. 上海：
    上海三联书店.

王国璎，2007. 中国山水诗研究 [M]. 北京：中华书局.

王建革，2013. 水乡生态与江南社会 [M]. 北京：北京大学出版社.

王建革，2016. 江南环境史研究 [M]. 北京：科学出版社.

王世仁，1987. 理性与浪漫的交织：中国建筑美学论文集 [M]. 北京：中
    国建筑工业出版社.

王瑶，1986. 中古文学史论 [M]. 北京：北京大学出版社.

王毅，1990. 园林与中国文化 [M]. 上海：上海人民出版社.

王毅，2004. 中国园林文化史 [M]. 上海：上海人民出版社.

王庸，1956. 中国地理学史 [M]. 北京：商务印书馆.

王振复，2001. 中华意匠：中国建筑基本门类 [M]. 上海：复旦大学出
    版社.

魏嘉赞，2005. 苏州古典园林史 [M]. 北京：三联书店.

巫鸿，2009. 中国古代艺术与建筑中的"纪念碑性" [M]. 李清泉，等，
    译. 上海：上海人民出版社.

巫鸿，2012. 废墟的故事：中国美术和视觉文化中的"在场"与"缺席"
    [M]. 肖铁，译. 上海：上海人民出版社.

吴功正，1992. 六朝园林 [M]. 南京：南京出版社.

吴功正，1994. 六朝美学史 ［M］. 南京：江苏美术出版社.

吴功正，1999. 唐代美学史 ［M］. 西安：陕西师范大学出版社.

吴文治，1962. 柳宗元评传 ［M］. 北京：中华书局.

西蒙·沙玛，2013. 风景与记忆 ［M］. 胡淑陈，冯樨，译. 南京；译林出版社.

萧涤非，1957. 杜甫研究 ［M］. 济南：山东人民出版社.

萧默，1996. 隋唐建筑艺术 ［M］. 西安：西北大学出版社.

小川环树，2009. 论中国诗 ［M］. 谭汝谦，陈志诚，梁国豪，译. 贵阳：贵州人民出版社.

小威廉·H. 休厄尔，2013. 历史的逻辑：社会理论与社会转型 ［M］. 朱联璧，费滢，译. 上海：上海人民出版社.

小尾郊一，2014. 中国文学中所表现的自然与自然观：以魏晋南北朝文学为中心 ［M］. 邵毅平，译. 上海：上海古籍出版社.

谢和耐，2004. 中国 5—10 世纪的寺院经济 ［M］. 耿昇，译. 上海：上海古籍出版社.

徐复观，2001. 中国艺术精神 ［M］. 上海：华东师范大学出版社.

许里和，1998. 佛教征服中国 ［M］. 李四龙，等，译. 南京：江苏人民出版社.

薛爱华，2014. 朱雀：唐代的南方意象 ［M］. 程章灿，叶蕾蕾，译. 北京：三联书店.

雅克·勒高夫，2008. 中世纪英雄与奇观 ［M］. 叶伟忠，译. 台北：猫头鹰出版社.

杨鸿勋，2011. 中国古典造园艺术研究：江南园林论 ［M］. 北京：中国建筑工业出版社.

杨晓慧，2015. 唐代俗文学探论 ［M］. 北京：人民出版社.

杨晓山，2009. 私人领域的变形：唐宋诗歌中的园林与玩好 ［M］. 文韬，译. 南京：江苏人民出版社.

杨再喜，2013. 唐宋柳宗元传播接受史研究 ［M］. 北京：中国社会科学出版社.

叶嘉莹，2008. 迦陵论诗丛稿 [M]. 北京：北京大学出版社.

叶朗，1985. 中国美学史大纲 [M]. 上海：上海人民出版社.

叶朗，1998. 胸中之竹：走向现代之中国美学 [M]. 合肥：安徽教育出版社.

叶朗，2004. 欲罢不能 [M]. 哈尔滨：黑龙江人民出版社.

叶玉森，1934. 殷虚书契前编集释 [M]. 上海：大东书局.

伊东忠太，1984. 中国建筑史 [M]. 陈清泉，译补. 上海：上海书店.

伊懋可，2014. 大象的退却：一部中国环境史 [M]. 梅雪芹，毛利霞，王玉山，译. 南京：江苏人民出版社.

余开亮，2007. 六朝园林美学 [M]. 重庆：重庆出版社.

宇文所安，2004. 追忆：中国古典文学中的往事再现 [M]. 郑学勤，译. 北京：三联书店.

宇文所安，2006. 中国"中世纪"的终结：中唐文学文化论集 [M]. 陈引弛，陈磊，译. 北京：三联书店.

约阿希姆·拉德卡，2004. 自然与权力：世界环境史 [M]. 王国豫，付天海，译. 石家庄：河北大学出版社.

约翰·布林克霍夫·杰克逊，2015. 发现乡土景观 [M]. 俞孔坚，等，译. 北京：商务印书馆.

张法，1994. 中西美学与文化精神 [M]. 北京：北京大学出版社.

张家骥，2012. 中国造园论 [M]. 太原：山西人民出版社.

张家骥，2013. 中国造园艺术史 [M]. 太原：山西人民出版社.

张鸣，黄君良，郭鹏，2013. 宋代都市文化与文学风景 [M]. 北京：北京语言大学出版社.

张思宁，2012. 边际异化信息嵌入理论 [M]. 北京：人民出版社.

张薇，2006.《园冶》文化论 [M]. 北京：人民出版社.

张伟然，2014. 中古文学的地理意象 [M]. 北京：中华书局.

张之沧，张禺，2014. 身体认知论 [M]. 北京：人民出版社.

章启群，2000. 论魏晋自然观：中国艺术自觉的哲学考察［M］. 北京：北京大学出版社.

赵毅衡，2001. 礼教下延之后：中国文化批判诸问题［M］. 上海：上海文艺出版社.

郑毓瑜，2006. 性别与家国：汉晋辞赋的楚骚论述［M］. 上海：上海三联书店.

中国科学院中国植物志编辑委员会，2004. 中国植物志［M］. 北京：科学出版社.

中国科学院自然科学史研究所，1985. 中国古代建筑技术史［M］. 北京：科学出版社.

周维权，1990. 中国古典园林史［M］. 北京：清华大学出版社.

朱光潜，1978. 文艺心理学［M］. 上海：复旦大学出版社.

朱光潜，2012. 谈美［M］. 北京：中华书局.

朱金城，1982. 白居易年谱［M］. 上海：上海古籍出版社.

竺岳兵，2004. 唐诗之路唐代诗人行迹考［M］. 北京：中国文史出版社.

宗白华，1981. 美学散步［M］. 上海：上海人民出版社.

宗白华，1987. 美学与意境［M］. 北京：人民出版社.

宗白华，2011. 艺境［M］. 北京：商务印书馆.

宗白华，2013. 美学与艺术［M］. 上海：华东师范大学出版社.

村杉勇造，1966. 中国の庭：造園と建築の傳統［M］. 東京：求龍堂.

鈴木虎雄，1926. 白楽天詩解［M］. 東京：弘文堂.

小尾郊一，1983. 謝霊運：孤独の山水詩人［M］. 東京：汲古書院.

中村圭爾，2006. 六朝江南地域史研究［M］. 東京：汲古書院.

BERGER P L，LUCKMANN T，1979. The social construction of reality：a treatise in the sociology of knowledge［M］. London：Penguin Books.

BERLEANT A，1991. Art and engagement［M］. Philadelphia：Temple University Press.

BERLEANT A，1992. The aesthetics of environment［M］. Philadelphia：

Temple University Press.

CAHILL J, 1988. Three alternative histories of Chinese Painting [M]. Washington: University of Washington Press.

CARLSON A, 2002. Aesthetics and the environment: the appreciation of nature, art and architecture [M]. London and New York: Routledge.

CLUNAS C, 1996. Fruitful sites: garden culture in Ming Dynasty China [M]. Durham: Duke University Press.

HADOT P, 1995. Philosophy as a way of life: spiritual exercises from Socrates to Foucault [M]. New Jersey: Wiley-Blackwell.

KESWICK M, 2003. The Chinese Garden: history, art, and architecture [M]. Cambridge: Harvard University Press.

KOJIRO Y, 1967. An introduction to Sung Poetry [M]. Cambridge, Mass: Harvard University Press.

LI H L, 1959. The garden flowers of China: an international biological and agricultural series [M]. New York: The Ronald Press Company.

PLAKS A H, 1976. Archetype and allegory in the Dream of the Red Chamber [M]. New York: Princeton University Press.

SCHOPENHAUR A, 2010. On vision and colors [M]. New York: Princeton Architectural Press.

SPENCER J E, 1954. Asian, east by south: a cultural geography [M]. New York: John Wiley & Sons.

论文：

蔡曾煜, 1995. 芭蕉史话 [J]. 古今农业（1）.

曹林娣, 2004. 苏州园林与生存智慧 [J]. 苏州大学学报（哲学社会科学版）（3）.

陈宝良, 2013. "服妖" 与 "时世妆"：古代中国服饰的伦理世界与时尚世界 [J]. 艺术设计研究（4）.

陈伯海，2014. 读柳宗元永州纪游四则（上）（下）［J］. 古典文学知识（5）（6）.

陈从周，1985. 中国诗文与中国园林艺术［J］. 扬州师院学报（3）.

陈灵海，2015. 唐代籍没制与社会流动：兼论中古社会阶层的"扁平化"动向［J］. 复旦学报（社会科学版）（1）.

陈铁民，1997. 辋川别业遗址与王维辋川诗［J］. 中国典籍与文化（4）.

陈寅恪，1936. 桃花源记旁证［J］. 清华学报，11（1）.

陈寅恪，1947. 韩愈与唐代小说［J］. 程会昌，译. 国文月刊（54）.

陈允吉，1985. 王维"终南别业"即"辋川别业"考：兼与陈贻焮等同志商榷［J］. 文学遗产（1）.

程相占，2011. 论身体美学的三个层面［J］. 文艺理论研究（6）.

程相占，2015. 环境美学的理论创新与美学的三重转向［J］. 复旦学报（社会科学版）（1）.

邓稳，2014. "越女"形象演变考论［J］. 中国文学研究（1）.

丁加达，1990. 谢灵运山居考辨［J］. 杭州师范学院学报（5）.

董虫草，2005. 弗洛伊德眼中的艺术与游戏［J］. 浙江师范大学学报（3）.

高萍，师长泰，2014. 王维蓝田辋川诗地名释义考辨［J］. 求索（8）.

葛晓音，1985. 山水方滋庄老未退：从玄言诗的兴衰看玄风与山水诗的关系［J］. 学术月刊（2）.

葛晓音，1994. 中唐文学的变迁（上）（下）［J］. 古典文学知识（4）（5）.

龚剑锋，金向银，1992. 始宁庄园地理位置及主要建筑新考［J］. 中国历史地理论丛（3）.

古永继，1998. 唐代岭南地区的贬流之人［J］. 学术研究（8）.

顾凯，2016. 中国传统园林中"亭踞山巅"的再认识：作用、文化与观念变迁［J］. 中国园林（5）.

郭世欣，1981. 成都草堂遗址考［J］. 杜甫研究学刊（1）.

何谋，庞弘，2016. 声景的研究与进展［J］. 风景园林（5）.

贺中复，1996. 论五代十国的宗白诗风［J］. 中国社会科学（5）.

侯迺慧，2004. 明代园林舟景的文化意涵与治疗意义［J］. 人文集刊（2）.

胡宝国，2001. 魏晋南北朝时期的州郡地志［J］. 中国史研究（4）.

胡可先，2014. "城南韦杜"与"杜陵野老"释证［J］. 复旦学报（社会科学版）（5）.

黄云眉，1954. 柳宗元文学的评价［J］. 文史哲（10）.

贾兰，1987. 谈杜甫草堂诗中的"竹"［J］. 杜甫研究学刊（1）.

雷蒙·威廉斯，2000. 文化分析［J］. 赵国新，译. 外国文学（5）.

李浩，1997. 唐代园林别业杂考［J］. 中国历史地理论丛（2）.

李浩，1997. 文献所记唐代园林别业杂考［J］. 古籍研究（3）.

李剑锋，1999. 论唐代人接受陶渊明的原因和条件［J］. 文史哲（3）.

李亚如，1984. 中国古典园林的美：《园冶》一书试论［J］. 广东园林（3）.

李雁，2000. 论谢灵运和山水游览赋的关系：以《山居赋》为中心［J］. 文史哲（2）.

刘滨谊，2009. 论声景类型及其规划设计手法［J］. 风景园林（1）.

马晓坤，李小荣，2000. "赏心"说：谢灵运的山水审美［J］. 文史知识（5）.

埋田重夫，2002. 白居易《池上篇》考［J］. 李寅生，译. 河池师专学报（社会科学版）（3）.

美琪·凯瑟克，2013. 论中国园林的意义［J］. 丁宁，译. 创意与设计（3）.

牟发松，1996. 略论唐代的南朝化倾向［J］. 中国史研究（2）.

牟世金，1982. 文心雕龙创作论新探（上）（下）［J］. 社会科学战线（1）（2）.

齐格蒙德·弗洛伊德，1981. 创造性作家与昼梦［J］. 侯国良，顾闻，译. 朱人骏，校. 文艺理论研究（3）.

祁志祥，2003. 以"妙"为美：道家论美在有中通无［J］. 上海师范大学学报（哲学社会科学版）（3）.

祁志祥，2007. 柳宗元园记创作刍议［J］. 文学遗产（5）.

乔永强，2006. "辋川别业"不是园林［J］. 北京林业大学学报（社会科学版）（2）.

秦佑国，2005. 声景学的范畴［J］. 建筑学报（1）.

清水茂，1957. 柳宗元的生活体验及其山水记［J］. 华山，译．文史哲（4）.

陕西省文物管理委员会，1960. 西安西郊中堡村唐墓清理简报［J］. 文物（3）.

邵宁宁，2003. 山水审美的历史转折：以"永州八记"为中心［J］. 文学评论（6）.

施舟人，1967. 五岳真形图の信仰［J］. 索密，译．道教研究（2）.

谭其骧，1988. 自汉至唐海南岛历史政治地理：附论梁隋间高凉洗夫人功业及隋唐高凉冯氏地方势力［J］. 历史研究（5）.

唐长孺，1954. 南朝的屯、邸、别墅及山泽占领［J］. 历史研究（3）.

汪琼珍，2016. 柳宗元的南方印象［J］. 中国学研究（18）.

王建革，2017. 宋代江南的梅花生态与赏梅品味［J］. 鄱阳湖学刊（3）.

王晶波，2000. 汉唐间已佚《异物志》考述［J］. 北京大学学报（S1）.

王立，王之江，1992. 石与中国古代文人的人格理想［J］. 锦州师院学报（哲学社会科学版）（2）.

王世仁，1984. 中国传统建筑审美三层次［J］. 美术史论（2）.

王欣，2005. 谢灵运山居考［J］. 中国园林（8）.

王雪玲，2002. 两《唐书》所见流人的地域分布及其特征［J］. 中国历史地理论丛（4）.

吴功正，1994. 六朝园林文化研究［J］. 中国文化研究（1）.

吴宏岐，2001. 唐代园林别业考补［J］. 中国历史地理论丛（2）.

吴世昌，1934. 魏晋风流与私家园林［J］. 学文（2）.

吴相洲，1997. 论盛中唐诗人构思方式的转变对诗风新变的影响［J］. 首都师范大学学报（社会科学版）（3）.

吴永江，2000. 唐代公共园林曲江［J］. 文博（2）.

吴宇江，1995. 六朝精神与六朝园林艺术［J］. 中国园林（3）.

武伯纶，1984. 唐代长安东南隅（上）（中）（下）［J］. 文博（1）（2）（3）.

西村富美子，1992. 论白居易的"闲居"：以洛阳履道里为主［J］. 唐代文学研究（00）.

夏炎，2014.“附会”与“诉求”：环境史视野下的古代雁形象再探 [J]. 青海民族研究（3）.

萧驰，2014. 从山水到水石：元结、柳宗元与中唐山水美感话语的一种变化 [J]. 中正汉学研究（2）.

萧驰，2016. 不平常的平常风物：“闲居”姿态与韦应物的自然书写 [J]. 中华文史论丛（3）.

徐波，2011. 论古代文学中的“雨打芭蕉”意象 [J]. 南京师范大学文学院学报（3）.

杨鸿勋，1982. 中国古典园林艺术结构原理 [J]. 文物（11）.

杨丽中，1993. 傅柯与后殖民论述：现代情境的问题 [J]. 中外文学（3）.

杨儒宾，2009.“山水”是怎么发现的：“玄化山水”析论 [J]. 台大中文学报（30）.

叶朗，2009. 美在意象：美学基本原理提要 [J]. 北京大学学报（哲学社会科学版）（3）.

叶朗，2015. 中国美学对当代设计开拓新的空间的启示 [J]. 新美术（4）.

余开亮，2006. 论六朝时期自然山水作为独立审美对象的形成 [J]. 中国人民大学学报（4）.

宇文所安，1997. 唐代别业诗的形成（上）[J]. 陈磊，译. 古典文学知识（6）.

宇文所安，1998. 唐代别业诗的形成（下）[J]. 陈磊，译. 古典文学知识（1）.

张德钧，1956. 两千年来我国使用香蕉茎纤维织布考述 [J]. 植物学报（1）.

张燕，2001. 山阴道上，宛然镜游：论《园冶》的设计艺术思想 [J]. 东南大学学报（哲学社会科学版）（1）.

赵孟林，等，1994. 洛阳唐东都履道坊白居易故居发掘简报 [J]. 考古（8）.

郑欣，1978. 东晋南朝时期的世族庄园制度 [J]. 文史哲（3）.

钟元凯，1984. 魏晋玄学和山水文学 [J]. 学术月刊（3）.

周明，1984. 柳宗元山水文学的艺术美 [J]. 文学评论（5）.

周裕锴，2005. 苏轼的嗜石兴味与宋代文人的审美观念 [J]. 社会科学研究 (1).

宗白华，1979. 中国园林建筑艺术所表现的美学思想 [J]. 文艺论丛 (6).

重沢俊郎，1951. 柳宗元に見える唐代の合理主义 [J]. 日本中国学会报 (3).

冢本信也，1991. 谢灵运の《山居赋》と山水诗 [J]. 集刊东洋学 (65).

ELVIN M，1970. The last thousand years of Chinese history: changing patterns in land tenure [J]. Modern Asian Studies，4 (2).

FUNG S，JACKSON M，1996. Dualism and polarism: structure of architecture and landscape architectural discourse in China and the West [J]. Interstices (Auckland) (4).

GOLAS P J，1980. Rural China in the Song [J]. The Journal of Asian Studies，39 (2).

HALL D L，AMES R T，1998. The cosmological setting of Chinese garden [J]. Studies in the History of Gardens & Designed Landscapes，3 (18).

MCDERMOTT J P，1984. Charting blank spaces and disputed regions: the problem of Sung land tenure [J]. The Journal of Asian Studies，44 (1).

SCHAFER R M，1973. The music of the environment [J]. Contemporary Music Review，6 (3).

TUAN Y F，1991. Language and the making of place: a narrative-descriptive approach [J]. Annals of the Association of American Geographers，81 (4).

后

记

从开始着手准备博士论文至今，"正（N）.Doc"的各种重命名文件在我的电脑桌面已经存在了近十年。因为读博阶段的各种不愉快，"正（N）.Doc"也并不是成为"青椒"之后的我会去挖掘的什么科研的"第一桶金"。

2020年是我在南京农业大学做博士后的最后一学年，在亦师亦友的卢勇教授的鼓励和帮助下，我重新打开"正（5）.Doc"文件，申报了江苏省社科基金后期资助。这是我的第二个省部级项目，也是第一个需要结项的项目。按照江苏省社科联的立项通知书，本项目理应在2021年年底，最晚不迟于2022年年底结项，然后出版。但是在2021—2023年我返回成都任职之后的两年中，并未接到原单位的任何结项通知，加之科研重心已逐步转向巴蜀，结项出版的计划被我有意无意地放到了一边。

西华大学学生记者团今年在采访时问我如何平衡工作和生活，我笑着回答：动态平衡。因为我是一个被动型的人，总是被动地适应周围的正、负能量交替的环境，必要时再作出一些调整。所以在今年上半年接到了南农科技处的通知，得知9月后期资助再不结项就要被清理掉了后，我才真正地启动博士论文的修订工作。

在此，先感谢多年好友：中国科学院自然科学史研究所的杜新豪，河北大学的汪燕平，西南民族大学的张秦，三位老师作为我身边难得的正能量，反复告诫我再不支棱起来结项，我就要"玩完"了，给了我莫大的"动力"。感谢老东家南京农业大学的蒋楠、刘馨秋、陈加晋和邓丽群等老同事、好朋友，前前后后帮忙对接各项事务，尤其是在南农行政机构从卫岗校区搬去滨江校区期间，诸位老师来回打了无数个电话理清盖章等手续，大力推进了结项程序的"最后一公里"。

感谢中国农业出版社的孙鸣凤和其他编辑老师为本书提供的各项建议，尤其感谢胡晓纯老师不厌其烦，耗费数月核对了文中的史料，这是我过去几年理应完成但又提不起勇气去完成的繁重工作。感谢西华大学文化产业管理系徐进同学整理了本书的参考文献，中文系研究生廖小琳同学通读了全文。正如同学所说，count on someone 的感觉，很不错。

最后，我想用博士论文致谢的最后一段话来完成本书的后记：

因为论文选择的角度比较冒险，虽然已经尽力去坐实自己的观点，但是仍然长期感到力不从心。每次意识到论文存在漏洞的时候，总是会被吓到胆战心惊。因此，我对这句话的感触就更为深刻——生命最为突出的特征其实是代表着一种一反常态的本性，因为它总是通过不断地从周围环境中汲取新的能量来发动着对抗普遍的热力学第二定律的斗争。作为一个社会人，你永远不可能是一个绝缘体，独善其身。感恩我所站在的位置的周围有源源不断传递而来的正能量，没有这些，我可能早已分崩离析，不再是我。轻舟已过万重山，谢谢诸位。

龚珍

2024 年秋，于阿坝藏族羌族自治州茂县